你的孩子不奇怪

改變，從理解孩子的奇怪開始

兒童臨床心理師
李介文 著

〔目錄〕

【推薦序】

從尊重家人開始，傾聽彼此的想法

大安悅兒親子中醫診所總院長／黃子玶

認識介文心理師，是從他溫柔又有故事的歌聲開始。在一場探討「失戀」相關的心理演唱會中，介文用他的聲音結合了心理師的專業，也是我第一次知道，原來艱澀的心理學可以被翻譯得如此平易近人。

因緣際會邀請介文加入大安悅兒親子中醫的治療團隊，更發現他把這樣「平易近人的專業」在孩子與家長的互動中揮灑的淋漓盡致。每每看著跟他十分「麻吉」的孩子們走出治療室，以及跟家長談話時的舉手投足，無論是孩子或家長都展露出充分被理解後的欣慰和雙方彼此更加理解的感動。《你的孩子不奇怪》這本書，更是把家長心目中「奇怪孩子」的樣貌完整呈現，又提出了許多眞知見解，眞心覺得是造福家長與孩子們的作品。

如同書中提到的各種場景，門診其實經常看到「自以爲理解孩子」的家長以及「覺得爸媽都不懂」的孩子們，彼此間衝突的明顯對立，也讓親子關係僵持不下。和其他父母一樣，我自己也是「當了媽媽之後，才開始學習如何當媽媽」。

面對孩子呈現的各種樣貌，我與大家一樣，其實也都不知道該如何是好，成爲兩個孩子的母親後，心裡面的故作堅強與驚慌失措交織譜寫成每一個糾結日常，很多時候；我會覺得孩子沒有體諒自己的各種糾結。如同在「加一分，扣十分」中提到的，在跟孩子的互動當中，心中也有好多的「你應該」。

介文心理師溫柔的提醒了，在我們意識到自己某些事做得不太好的時候，不管大人小孩，都要先暫停一下體諒自己、理解自己。能夠先「愛自己」，這才有能量可以理性分析想法背後的情緒與原因，找到解套的途徑方法。作爲父母的我們可以嘗試著先看見自己的內心，理解自己的價值觀與對教養的期待，但不能把孩子當作自己的延伸，而是以尊重孩子爲前提，必要時給予協助。

介文，還是我們熟悉的那位臨床心理師好朋友，這本《你的孩子不奇怪》承襲前兩本書的一貫風格，用如同朋友在耳邊娓娓道來的語氣，把許多艱澀難懂的心理概念，轉化爲溫柔的語句，強調了「實踐心理學」的重要性。

在這本書裡，整理了好多「實際可執行的方法」，更貼心的在每個章節後整理了圖像化的表格，讓作爲家長的我們可以按步就班的把自己與孩子內心的感覺、行爲進行分析，循序漸進的透過傾聽、討論，而後給予回應。

眞的，我們原本都是愛著彼此的。

看了這本書的父母們，一定更能理解孩子的感受，也更能擁抱自己，給自己與孩子溫暖的祝福。讓我們一起從生活中實踐書中所提到的「實際可執行的方法」，從尊重家人開始，一起傾聽彼此的想法吧！

【自序】

一個熟練的新手

從我一開始接觸臨床工作，就常被問這樣的問題：「老師，你結婚了嗎？」或「老師，你有小孩嗎？」

許多年來，我一直很不服氣，我的個人狀態，跟專業能力有什麼關係？後來，我可以慢慢的體會他們的擔心，其實家長要講的是：「老師，你眞的可以了解我們的狀況嗎？」

說起來實在很諷刺，明明我就有非常豐富的知識，辛辛苦苦拿到了學位，有國家認證的執照，我是在不懂什麼？

或許這就是所謂理論與現實的差距，當我滿腦子都是理論的時候，我與家長、孩子的距離是越來越遠的。

學心理治療的時候，課本裡都會有治療師與個案的模擬對話，供我們練習時參考，其中一本課本裡，個案的化名叫莎莉，我大約有一整年都在看莎莉跟治療師的對話，治療師怎麼講、怎麼引導，以及莎莉會怎麼回話。

在我踏出校園，實際接觸臨床個案後，有一個很大的不滿：「莎莉在騙人！我跟治療師講一樣的話，我的個案根本沒有像莎莉這樣回！」或許你會覺得我很好笑，怎麼可能會有人跟課本上講一模一樣的話嘛！

直到我漸漸成為一個中生代的心理師，直到我步入婚姻、有了小孩之後，我才知道，當初家長對我的擔心是：「你會不會只是一個很會讀書、照本宣科的心理師？」「你講的那些好像都對，但我們好像都做不到！」

我才知道，原先以爲那些很容易就可以改變的孩子、很容易就可以改變的家長，竟然是那麼困難！我過去太容易淪爲紙上談兵，人型書櫥，你有什麼問題，我就跟你說書上怎麼寫。原來並不是把理論給念完，孩子與家長就可以按表操課，皆大歡喜的。

我在前兩本著作《反芻思考》與《刻意失戀》裡，重複強調「實踐心理學」的重要，如果我告訴你某些道理，那我必定是深刻了解與認同這些道理，判斷這些道理是適合你的，而且，如果我遇到了同樣的困擾、面臨同樣的問題，我自己也會實際執行這些道理。

做的怎麼樣是一回事，因爲會說的不一定很會做，但我期許自己要身體力行，希望了解我、認同我的讀者，也一起來做，因爲心理學眞的是個好東西，是研究人的科學，只要身爲人，無論自身的思考或與他人、社會互動，都會用到心理學。

而學了那麼多心理學的我，發現心理師的角色不是一個「治療者」，我不太可能說一句話就有醍醐灌頂的效果，而是當作父母的教養教練，在治療現場一步一步的分析孩子爲什麼要這樣做、家長爲什麼要這樣做，然後再帶領著大家逐步改善。

身爲教練，不就是要熟悉球員的特性、最適合球員的打法，以及因應對手的不同而改變打法嗎？而在輸球之後，不是關起門來把球員罵一頓，而是實際去看比賽錄影帶，看我們到底輸在哪裡、哪裡的訓練要再加強。

「奇怪的孩子」在我的眼中，就是有著不同特質的球員，在人群中，或許這樣的球員比例很少，但是，他們一樣可以在人生這場永久的比賽裡，找到適合自己的項目，然後大放異彩。

重點是，家長能不能理解他們。

每個孩子，就算不是千里馬，也都是匹好馬，各位家長，你要當伯樂嗎？

第一章

兒童心智科大揭密

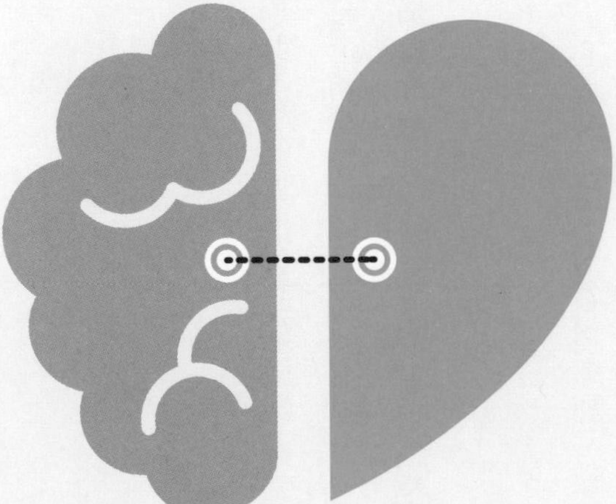

☑兒童心智科在看什麼？

在開始之前，先幫我自己正名一下，我是「臨床心理師」，不是「精神科醫師」，我畢業於臨床心理學研究所，學的是用心理學的方法去評估與治療一個人。而精神科醫師畢業於醫學系，且在接受完四年的精神科住院醫師訓練後，再考精神科專科醫師執照，以及兒童與青少年精神科次專科醫師執照，才能執業，主要是從生理的角度切入，實行藥物治療。

兒童心智科是一個團隊的合作，除了醫師與心理師之外，還有護理師、職能治療師、物理治療師、社會工作師等等，所以我在接下來提到的內容，是以心理師的角度來分享兒童心智科在做的事情。

或許你會對上面的衆多名詞感到混亂，其實總歸一句就是「精神科」，還有「兒童與青少年看的精神科」，如果用年紀來區分，大概從幼稚園到十八歲前，如果有心理上的困擾，都可以來看兒童心智科。

很多醫院擔心大家會覺得觀感不好，而產生各種名詞來美化，例如「身心醫學科」、「身心內科」等，我覺得有些捨本逐末，我更想從源頭跟大家說，來看精神科根本不是什麼可怕的事情，帶自己的小孩來精神科，更不是什麼可怕的事情。

畢竟我們是醫療人員，是要來幫助大家的呀！如果我們連這點最基本的互信都做不到，我想你也不用繼續看這本書了。

提到「精神」與「兒童心智」所包含的內容就很廣了，最常見的可能有情緒、思考能力、人際、行爲等，或者在這本書後續章節裡會談到的內容，這些都是在生活中常會遇到的場景，包括孩子因爲一點小事就哭或生氣、想法負面、違抗大人的指令、上課不專心、寫功課拖拖拉拉、人際關係不佳等。

如果孩子有上述這些問題或上述以外的問題，而你也試過一些書、試過一些教養方式，或者跟老師討論過，效果依然不佳，那麼建議你帶著孩子到兒童心智科看看。

由於名詞不統一的關係，或許你很難找到「兒童心智科」這麼完整的科別，建議你以「精神科」爲搜尋標的，再看看醫師的經歷與專長裡，是否有兒童、青少年等關鍵字。除了大醫院之外，坊間也越來越多精神科診所，提供更多元的選擇。除了精神科診所，找臨床心理師開設的「心理治療所」也是途徑之一，同樣的，也請您搜尋看看該心理師學經歷資料是否有跟兒童沾上邊。

那麼，兒童心智科可以幫上什麼忙呢？

因爲孩子的狀況涉及情緒、心理、人際、學習，身爲家長的我們也活了幾十年，成長過程中可能也經歷過類似的問題，所以我們自己會有各式各樣的方法，或者說偏方，例如對於感冒喉嚨痛，有些人會說吃冰糖燉梨一樣，我也曾遇過有些媽媽說，當嬰兒哭的時候，只要比他哭的還大聲，嬰兒就會停了。

當我遇到家長對於教養有自己的偏方時，還眞有點尷尬，因爲這些經驗不見得是錯的，雖然有些缺乏實際的科學證據，但有些人用起來還眞的有效，既然如此，心理師與兒童心智科團隊存在的價値是什麼呢？

這時候不得不賣弄一下我的專業了，畢竟心理師的存在就是在學習與整理各種孩子的狀況、問題、各種有效的解法，最重要的是判斷你的孩子適合哪一種解法。有許多家長看了許多書、上了許多課程，急著要回家試試這些方法有沒有效，卻忽略了最重要的一點，我的孩子到底是什麼樣貌？如果沒有先弄清楚這個前提，就急著實行書上所說的，那就眞的盡信書，不如無書了。

所以，在這本書裡，我試著用一些「通則」來說明我所看過的，也就是大多數孩子會遇到的困難、可能的解法，但請你先抱持著一個了解自己孩子的好奇心與實驗精神。

☑心理師在兒童心智科的角色？

在醫院或診所裡，孩子或家長是不太會直接遇到心理師的，通常會有醫師看診，初步判斷孩子的狀況以及是否需要用藥，有一些情況，醫師會轉介給心理師：

一、需要「心理衡鑑」

就是用一些心理學的方法來了解孩子的狀況，有些醫院會直接叫「心理測驗」，但你不用把它想成一種考試，其實心理測驗也只是「心理學方法」的其中之一，其他例如觀察孩子的行爲、有系統的收集孩子相關資訊，以及判斷孩子精神與情緒狀態等，也是一種心理學方法。

爲什麼需要心理衡鑑呢？有可能是醫師在診間的時間不夠，無法很完整的看到孩子的樣貌，或者家長所提出的問題或困擾，孩子在診間並沒有出現，所以醫師會請心理師再看清楚點，希望心理師提出佐證來協助醫師判斷。

另一種可能是，需要把孩子的行爲具體化與數據化。例如最常見的注意力不足，如果小明跟小華的家長都說孩子們有注意力不足的情況，那麼心理師就需要判斷：到底有沒有？如果有，嚴不嚴重？有多嚴重？

臨床上常會需要「常模」，也就是大數據，來協助我們說明孩子的狀況，所以你可能會聽到心理師這樣講：「小明的注意力不足，在測驗裡面遺漏的反應比較多，如果跟同年紀的孩子相比，小明的表現可能會落在後百分之五，也就是說，如果有一百個同年紀的孩子，一起來比注意力，小明是倒數後五名。」

你注意到了嗎？「同年紀」是個關鍵字，一個行爲需要注意或矯正與否，跟年紀以及所處的環境有關，例如一個兩歲的小孩，得不到想要的東西而哭鬧、在地上打滾，是可以被接受的；如果一個小學生在同樣的情境做出同樣的行爲，就很值得注意了。

總結一下，心理衡鑑就是盡可能的了解家長所擔心的問題（臨床上稱爲「主訴」，也就是這一次來看醫生的原因），並協助醫師判斷這個問題到底有沒有？到底嚴不嚴重？原因是什麼以及規劃如何治療？

二、需要「心理治療」

心理治療是延續著心理衡鑑來的，所以完整與正確的心理衡鑑是重要的，就像去旅行，如果出發的方向是錯的，無論是搭火車或搭飛機，都沒辦法到達目的地。

心理治療的形式有非常多種，最常見的就是談話，但兒童不太可能乖乖的坐在心理師面前，把困難一五一十的說出來，太強人所難，所以心理學家發展出了許多方法，例如在遊戲的方式來進行治療（遊戲又分了許多媒材，例如沙遊、桌遊、團體遊戲）、藝術治療、音樂治療，還有目前我正在從事的使用腦波訊號作爲回饋，來做注意力與情緒的治療等。

在我的觀念裡，心理治療不只是心理師與孩子的事，場地也不只是發生在治療室，所以在我的治療當中，家長參與格外的重要，是一個「協同治療師」的角色，才能在日常生活當中延續效果。此外，如果有機會，我也會和學校的老師聯絡，與老師交換如何幫助孩子的意見，把團隊合作的理念盡可能的延伸，畢竟，我們都是一心爲了孩子好。

我猜，有些家長看到這一段，可能會想：「我的孩子眞的有病到需要『治療』的程度嗎？」所以啊，有些醫師或心理師又開始用「課程」來包裝了！此時我想再一度提醒，你感冒去看耳鼻喉科，醫師幫你的鼻子、喉嚨噴藥，就是一種治療啊！你有抗拒嗎？你有覺得很丟臉嗎？當別人問起來的時候，你會說你去耳鼻喉科「上課」嗎？

大家之所以不想要討論心理問題或精神疾病的原因，大部分跟社會觀感，甚至跟宗教或個人道德有關，例如看到孩子上課不專心或反抗行為，很容易讓人聯想到孩子是不是不乖或者學壞了；看到孩子拖拖拉拉或成績不佳，很容易讓人聯想是不是懶散、未來堪慮等，有時還會把想像連到大人或老師身上，是不是家長教育出了問題或老師不會教等等。

在我的觀念裡，疾病或診斷只是一個名詞，一個讓專業之間方便溝通的名詞，以及規劃後續治療的開始，就很像醫師判斷你的發燒是因爲感冒或新型冠狀病毒一樣。診斷的給予，並不是要給孩子貼上一個標籤，好像孩子就是個異類、一個有病的、跟正常人不一樣的人。

我希望帶給各位一個觀念，在這本書中也會重複的出現，那就是「孩子遇到了什麼困難？」我曾經跟來評估孩子注意力的家長這樣說：「媽媽，如果今天你需要的只是一個答案，我的孩子到底有沒有ADHD（注意力不足／過動症），如果我跟你說沒有，然後呢？你就可以很安心的帶回家，然後不管他目前所遇到的狀況嗎？」

所以，請家長一起來配合，把焦點從診斷先移開，著眼在孩子遇到的困難上。我們越正常、越健康的看待孩子的困難，孩子也能越健康的看待自己，改變起來也越有動力。

我的孩子到底有沒有病？

你知道嗎？即使在精神醫學界裡，也存在著一個爭論：「憑什麼醫師可以說一個人有精神病？」美國精神醫學會出版最新版本的《精神疾病診斷與統計手冊》（*The Diagnostic and Statistical Manual of Mental Disorders, DSM-V*）第五版裡面，已經列入了網路遊戲疾患（Internet gaming disorder, IGD）的診斷標準，雖然還不是一個正式診斷，但身爲成人的我們，捫心自問，我們對於手機或網路的依賴程度，是否有一天也會符合精神疾病的標準呢？

所以到底什麼樣的行爲，能夠被稱作精神病需要被治療，目前在學界還是爭論不休，我們先不用蹚這渾水，但過去在變態心理學的課本裡，對於變態行爲

（Abnormal behavior，稱之爲偏差行爲比較合適）的定義有下列幾項，我們一起來看看：

一、造成個人的主觀痛苦

也就是說孩子的問題，他本人也感到很困擾，例如因爲一點「小事」就暴怒、難過，其實孩子也不好受的，但所謂小事是大人來界定的，說不定對孩子來說，是一件大事。我也遇過爲了要買一個十元的史萊姆玩具跟同學一起玩，而去偷竊的；因爲下課時媽媽較晚去接他，讓他錯過卡通而生氣的。這些都是孩子非常非常在意，但大人覺得還好，甚至很幼稚、可笑的事。

此時，請父母試著用孩子的角度、他們所在的環境，以及一個兒童該有的心智能力來思考，他們爲什麼會做出這樣的行爲反應。

會造成每個人感到痛苦的事物與程度都是不一樣的，如同對痛覺的感受，關公可以被刮骨療傷不上麻藥，有人連被蚊子叮都覺得痛。在談到改變之前，如果我們無法理解孩子的痛苦，那雙方就談不下去了。

二、違反社會規範

這個相對就好理解了，除了法律或孩子所需遵守的校規、家規之外，可能還會加入這個社會約定俗成的規範。這也是大多數父母會感到困擾的地方，因爲在父母道德觀念裡面，很多事情，在我們當學生的時候是不被允許的，甚至是一個丟臉的事。就像我聽某位女性長輩說，她在念高中時，假日跟男校的男生去看電影，被學校老師看到，回校後被記大過，因爲在當時的社會規範，男女生在路上牽手，那簡直就是道德淪喪啊！

如果我們要以社會規範來定義偏差行爲，我們就該思考社會規範是否能夠與時俱進了，例如同性戀在精神醫學的定義裡，已經不是一種精神疾病，目前尚被列在精神疾病中「性別不安」症，就是俗稱的變性人，其原因也是因爲這樣的人，在生活上會造成很大的痛苦或在人際上受到困難，而不是「你是男／女生，但你想要變成另外一種性別」這個原因，才會被稱爲疾病。

所以說，不管是教養或精神醫學，都不能只考慮一個面向，還必須從孩子所處的環境，班上的風氣等等去考量，眞的不是一件容易的事。

三、影響日常生活

如果孩子的困難，讓他無法穩定的完成生活自理的項目或無法去上學，無法與他人維持互動，這也是偏差行爲要考量的範圍之一。

重要的是這個「影響」，必須是要對於孩子造成危害的程度。例如有些資賦優異的孩子，因爲學校的功課太簡單、上課太無聊而不想上課，這並不會是個偏差行爲，因爲是他被放錯地方了。或者有些生性比較內向、甚至孤僻的孩子不想交朋友，這也不會是個問題，因爲就算沒朋友，這孩子也挺自在的。

如果孩子本身想上學而無法去上學，或者不去上學，但給的理由太不合理，也找不到其他更適合的替代方法，就可能被歸類爲偏差。

以上三點，我還是會用「孩子遇到的困難」的角度來看。但我也不想避談「心理疾病」這件事，在診間裡，醫師與心理師的確會用症狀與診斷的角度來評估孩子，且會依據診斷規劃後續的藥物或心理治療。但請放心，我們不會如此輕易地給孩子下診斷，畢竟專業證書的背後，雖能代表一部分的權威，也代表我們必須爲這個決定負責，以現今醫病關係如此緊張的時代，我們更必須小心謹慎。

真的需要吃藥嗎？

在以往的觀點裡，十分強調個人特質與環境，尤其是成長環境的重要，所以「原生家庭」一詞，許多人都聽過，在早期甚至還有觀點認爲自閉症是家長對孩子過度冷漠，因爲「冰箱媽媽」而讓孩子過度退縮到自己的世界。

的確個人特質與環境眞的會對孩子造成影響，例如內向或外向的性格、溫暖或嚴格的教養方式、友善或敵意的人際關係等。心理師的訓練也大多著重在向內尋求（改善個人）與向外尋求（改善與他人關係）的兩種方式。

隨著腦科學與腦造影技術的發達，大腦在行爲上所占的角色越來越重要，以往我們認爲很輕鬆可以做得到的事，在某些大腦功能或神經功能缺損的人身上，卻是難如登天。不說別的，如果你有喝醉酒的經驗，當酒精抑制了大腦功能的時候，別說思考了，你連走個直線都有困難。

所以，以往我們認爲的專心、守規矩、維持良好的人際互動、控制情緒、甚至學習等，在缺乏相對應腦功能的孩子身上，做起來也是很困難。這些就不是再努力、重複練習，可以大幅改善的事了。

在此我必須強調，當醫師開立藥物時，不代表孩子大腦的功能有缺損，但效率肯定不太好，需要透過藥物來使大腦有效率的運作，但心理師與家長的工作可不是這樣就停了，如果說藥物可以使大腦回復正常的運作，此時我們繼續介入，也比較容易看得到效果。

我期待讓生理歸生理、心理歸心理、教育歸教育、教養歸教養，彼此合作，互相溝通，才能眞正幫助到孩子。

我相信絕大多數的醫療人員都是善良的，吃藥這個建議是醫療人員深思熟慮才給出來的，如果家長不放心，可以多與醫師討論、尋求第二個醫師的建議，甚至換個醫師，找出大家都可以接受的方式。

在臨床上，有些人之所以抗拒藥物，除了擔心藥物的副作用，以及吃了會上癮這種都市傳說之外，更多的是藥物帶來的擔心。這樣的現象在其他地方也會出現，例如我在學校的諮商中心、輔導室兼任的時候，許多同學告訴我，不想讓其他人知道自己正在接受心理治療，因爲怕同學覺得他很奇怪；或者當我試著去連絡家長的時候，家長的反應也是：「他做了什麼事，爲什麼要被輔導？」

此外，也有同學告訴過我，吃藥會讓他感覺自己像個病人、像個沒能力或沒用的人，有點像是如果你成績不好，接受學校的課後輔導或找補習班等，會讓你覺得自己更差。

我知道面對問題、把問題看清楚是困難的，但是身爲家長，如果眞的愛孩子，或許該認眞的處理這些困難，給孩子相對正確的協助。

我知道是因爲整個社會對於心理方面的困擾，仍存在著許多疑慮，這也是我撰寫此書的起心動念，因爲奇怪不奇怪，是你我的感覺、是社會的感覺，但是身爲心理師的我，是將孩子當作自己的學生，甚至當作自己的弟弟妹妹，先跳脫行爲的正確與否，去看看造成孩子困擾的眞正原因。

藥物只是我們解決生理原因的一個解法而已，路還長著呢！

心理師想跟你說

兒童心智科，您的好朋友

 **適合誰來？**	學齡兒童、青少年。 有注意力、學習、情緒、人際等困擾。 也可提供家長親職教養協助。
 **如何協助？**	判斷孩子問題的嚴重程度、成因，必要時給予藥物治療。 心理評估與心理介入。
 **破除迷思**	診斷不是貼標籤。 孩子不是異類。 服藥不會讓人上癮或讓孩子變笨。
 **事前準備**	仔細觀察孩子的不適當行為。 夫妻間對孩子教養意見一致。 試著理解孩子的困難。

| 第二章 |

孩子不奇怪
家長才奇怪

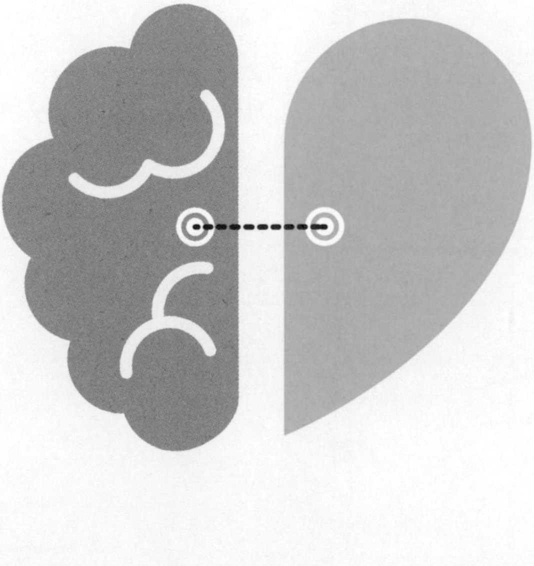

到底是誰奇怪

這個話題其實有些尷尬，畢竟看這本書的人是家長，如果我說你有病，你應該會想要摔書。但現實的狀況就是不少比例的個案當中，家長也是蠻奇怪的。

請你先等一等，然後想一想，我說蠻多家長很奇怪的時候，不管你有沒有對號入座，你的感覺可能不太好，或者想跟我說明或辯解一下吧？

沒錯，這就是孩子被說奇怪時的感覺。

這是我在臨床工作多年後才學到的心得，如果我要告訴家長，請家長體諒孩子的狀況，找出造成這些問題的眞正原因，那我是否也該體諒家長，並帶著家長一起找出這些問題的原因？

甚至不管大人小孩，在我們意識到自己某些事做得不太好的時候，是否也能先暫停一下，體諒自己？

的確，在教養的時候，看清楚孩子的狀況是重要的，但前提是我們自身的狀況也必須夠好、夠穩定，否則自以為很客觀、很全面的判斷，也都只是自我感覺良好的偏見。在心理治療上也有「反移情」這個名詞，說的就是心理師在治療中將自己的情緒、甚至願望投射到個案身上，例如這個個案說話的方式很像心理師的爸爸，那心理師可能會將跟爸爸之間的愛恨情仇帶到治療當中。

說到底就是雙方在互動時，大多只注意自己的需求，不太注意他人的需求或認為他人的需求不那麼重要，或者他人的改變可能很容易。

我自己容易有這樣的偏誤，例如當家長的情緒控制不佳時，菜鳥時期的我可能會出現的情緒是挫折（又來了！）或者責怪（上個禮拜不是跟你說過了嗎？）注意到了嗎？我只顧著下一個指令（家長情緒要穩定），而忽略了其他因素！例如職業是工程師的家長，在晚上八點加班之後回到家，帶著一身的疲倦，卻發現孩子功課還沒寫完，而且只有一點點，在安親班竟然也寫不完。

如果是我，眞的能夠忍住不生氣嗎？

所以，我選擇不苛責家長，也安慰家長這不是他的錯，而是在各種環節之下，所無法避免的錯誤。

好，在此設計一個思考題，希望你在看完本書之後會有答案：「那這個一整天下來，卻連一點功課都寫不完的孩子，有錯嗎？我們該怎麼對待他呢？」

☑ 家長會面對的衝擊

我常遇到的孩子，年紀大概是小學到大學之間，家長大約是五年級到七年級生，這一代的家長，眞的很辛苦。心理學上有「世代效應」一詞，說的是不同世代的人，因爲成長的大環境不同，所以人格特質也會不同。如果以十年爲一個世代的話，或許五到七年級，這三十年之間的變化，還不及這近十年的變化。

記得在十年前，我是實習心理師的時候，曾與家長聊到要盡可能控制孩子使用3C產品的時間，但在十年後，3C產品早已滲透進我們的生活，不只是娛樂，生活中的方方面面都離不開手機與電腦，如果你也像我一樣，手機不在身邊或手機網路比較慢一點，就感到焦慮或煩躁的話，我們要如何與孩子談控制3C

產品的使用？

科技所帶來的不只是娛樂活動變多，孩子所接觸到的資訊量也越來越大，不管好的還是壞的。例如在文字訊息的接收方面，我在這兒規規矩矩的寫書，經過出版社編輯的審核、書籍出版上架，傳達相對正確的觀念，但你一打開手機，很容易就觸及到「幾十億人都驚呆了」、「幾十億人都在使用的教養方法」那種不負責任，內容不見得正確的文章。

這會有什麼影響呢？就是孩子的思考方式、學習方式、同儕互動方式，還有對待父母師長的方式，都會越來越不像我們原本的認知，孩子成長過程中，雖然一樣是念小學到大學，但在校學習的方式、複習的方式、課後的活動、升學的學制等，都需要家長進一步熟悉與學習，也要調整自己的教養觀念。

所以才說這一代父母是辛苦的，我自己是七年級生，我們過去受的教育相對傳統與較具約束性，但現在我們用同樣一套，卻約束不了自己的孩子。換言之，我們當孩子的時候，要配合父母師長；當了父母師長之後，又要配合自己的孩子，這不是一件很心酸的事嗎？

☑ 家長要做的準備

面對這一代的孩子，家長是需要適應的，畢竟所遇到的狀況可能在我們的經驗之外，所以有些家長會說：「騙我沒讀過小學／中學／大學呀？」是的，你讀過，但現在孩子所遇到的狀況，我們還眞沒遇過。

對於與過去經驗不同的情況，心理學家提供了兩種建議：同化（assimilation）與調適（accommodation）。

處在一個新環境裡，對我們會造成衝擊，這是一定的，同化意味著用過去的經驗來協助我們理解新的事物，就很像我們把PAD叫成「平板電腦」，而不叫「大台手機」一樣，與我們的經驗相較，ＰＡＤ的大小比較接近電腦，而不太像手機。

用同化策略來理解是方便與快速的，但限制就在於新事務必須不能離我們的經驗太遠，就像如果我們用傳統電腦遊戲的概念來理解現在的線上遊戲，就會有一些誤差。或者以電視劇來說，透過網路追劇，一次看完好幾集，這也跟過去守在電視機前面的收視習慣不同。

調適意味著我們必須要擴充自己的經驗，走出認知的舒適圈，理解新事物。高中、大學的學制即是如此，如果不理解現在的升學方式，只丟下一句「搞那麼複雜做什麼？還是一試定終身來得省事呀！」那我們可能很難理解目前孩子的困難。

還記得世代效應嗎？沒錯，在世代效應之下，一個新經驗的出現，代表著背後有一連串的改變需要被了解。依舊以學制爲例，可能代表著讀書與做學問的方法不同了、可能代表著社會對於人才或好學生的定義不同了、可能代表著各個產業對於人力的需求類型不同了，而出現了一次性考試以外的評量方法。或許這些方法有不完善之處，但總歸來說，就是跟以前不一樣，讓家長感到焦慮。

你會說，或許這是個焦慮的時代吧！不過，只要有新東西出現，對於已經學好某一些知識的人來說，就會感到焦慮，想想我們的父母，不也擔心我們看太多電視、玩太多電玩、看太多漫畫而「學壞」嗎？

所以，家長需要的準備之一，就是要不斷的擴張自己的經驗，以追上自己的孩子。

以上所談的是向外追求，應付外在的世界，另一方面，家長也需要應付自己內心的世界，也就是「自己希望自己是一個怎麼樣的父母」？

有些人在成長經驗中，常聽到爸媽講「別人家的孩子」如何如何。別人家的孩子是一個想像的集合體，總是知書達禮、生活規律、努力上進等等。

但你知道嗎？在我們當小孩的時候，心中或許也有一個「別人家的爸媽」。在有些孩子的心裡，別人家的爸媽會比較溫柔理性、會聽小孩表達意見，可以適時的滿足小孩的需求等等。也因爲這樣，在我們長大之後，也會希望變成自己理想中的那個「別人的爸媽」。

這就是需要調適的地方了。因爲每個孩子需要的爸媽類型可能都不同，或者就算你知道孩子需要什麼樣的爸媽，每個人能夠達到的程度也不同，在這一來一往的過程當中，的確很令人沮喪。

我在當了父親之後，開始感到這樣的衝擊。原來要當一個理想中的爸爸，好不容易喔！我必須犧牲好多自己的時間、必須改變好多的生活習慣、必須與太太溝通好多教養上的觀念，必須……承認自己好像有時候當不好爸爸。

在此我也想提醒各位家長，當我用力宣傳著要理解孩子的困難時，也請你溫柔的擁抱自己吧！家長也是孩子變來的呀，誰說年紀到了，有小孩了，就自動會當爸媽？別忘了，我們的生活、職場、人際、婚姻，也同樣隨著這個環境快速變動呢！

我相信，只要有心，孩子會覺察到我們的調整，也會給予回應。

最後我們會發現，就算別人家的孩子、別人家的爸媽再好，還是自己的孩子、自己的爸媽好。

心理師想跟你說

到底誰奇怪？

你才奇怪咧	請不要找戰犯。 家長與孩子都有各自要負的責任。 並不是單方面改變就有效的。
遇到的衝擊	自身的成長經驗不適用了。 孩子的世界變化太大。 以前被父母管，現在卻管不了孩子。
家長當自強	了解孩子的現狀。 更新、融合新的教養知能。 面對新的情況，保持開放態度。

孩子跑得越來越快，家長要做的，
是努力跟上他的腳步，
並在他跌倒時扶他一把，而不是叫他停下來。

| 第三章 |

如果可以
我想當個好爸媽

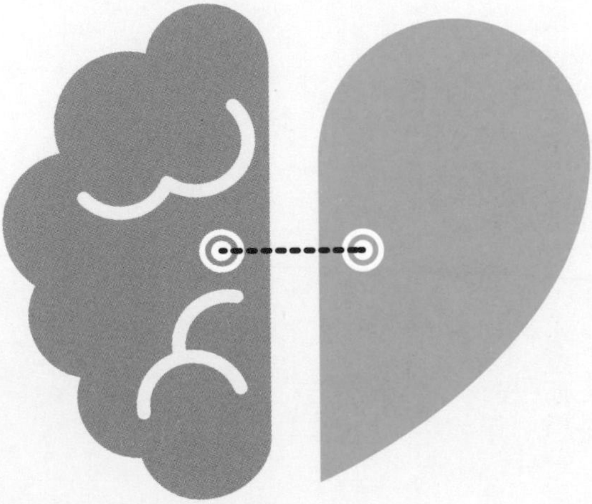

☑ 每次我都告訴自己，要好好講

在兒童心智科，我看過各種狗屁倒灶的事，孩子的各種偏差行爲，以及家長各種的偏差教養方式。唯獨一點，在大部分的情況當中都成立，那就是，家長與孩子，都愛著彼此。

很難想像，愛這個字，會從一對對充滿指責、衝突、甚至怨懟的親子中說出來。這許多年來，我看過的親子沒有一千也有幾百，深入治療與互動達一年以上的親子也有幾十對以上，我可以很放心的跟大家說，在內心深處，大家都是愛著彼此的。

這也是支持我持續做心理治療這個耗時、費力、又傷心神工作的首要原因。說實話，如果雙方彼此仇視，就現實考量，我眞的很可能放棄，但在工作現場，我看到的是明明雙方都互相關心、對彼此也有期待，卻因爲各種扭曲的教養與互動方式，阻隔了彼此。

我不想講那種「你有多久沒跟爸媽說我愛你」、「你有多久沒跟孩子抱抱」這種心靈雞湯的話。

因爲現實是，有很多親子關係是一見面就吵架的，有很多親子關係是爸媽一靠近，孩子就轉身回房間的。

我不想偏袒誰，這件事雙方都有責任，不能單方面責怪家長或孩子，也因爲這種扭曲的互動已經形成，雙方想改變卻很無力，有時嘗試一些方法，卻又不得要領，輕則回復原狀，重則關係惡化。

你知道嗎？在臨床上，我們其實對於那些讀了很多書，或者上了很多課的個案有點頭痛，因爲他們好像知道很多知識，因爲知道的多，所以就想用，但一方面畢竟不是專業，有點知其然不知其所以然的感覺。另一方面是自己用起來，還是會有一些看不到的盲點，忽略了用起來並沒有想像中容易。

要打破這種扭曲的平衡，除了初次嘗試的勇氣之外，還要有堅持下去的恆毅力，而且這種堅持要用月、季，甚至用年來算的，且在過程當中，還需要有人可以一起分享、鼓勵、討論。

這不是要大家都來找心理師，至少夫妻之間要有一致的方向，互相扶持，以及互相扮演執行者與觀察者的角色。

請你想像一下，如果你公司有一個摳門又愛挑剔的老闆，有一天他突然變得大方與和善，你有什麼感覺？

他一定是吃錯藥了，或者他圖謀不軌。

看吧！改變是不是很不容易？沒錯，眞的有孩子這樣跟我說：「偷偷告訴你，我媽最近變得好溫柔喔！她不是在計畫些什麼？」如果你是媽媽，聽到這句話，會不會感到灰心，甚至有些生氣？這條路上，家長眞的需要很多的支持。

同時我也要平衡報導一下，許多孩子努力之後，也會被家長說「你看，你明明就做得到嘛！」「要是你再努力一點喔……」「下次繼續保持喔！」也是會有一種，無論我怎麼努力，都還是無法讓人滿意的挫折呀。

我聽過無數次、無數人講過，當他準備好要好好溝通時，最後卻爭吵收場的故事，我必須在進入實戰演練時，先告訴家長與孩子，這不是你們的錯，也不是你們做得不好，因爲這原本就不容易，遠比想像中不容易好幾倍。如果你眞心相信「結果重於過程」這句話，請你們繼續嘗試。如果還有心力，請繼續嘗試。

☑ 加一分，扣十分

很多改變，往往很容易破功。

當我努力忍住跟孩子好好講話的時候，卻因爲他又出錯了，忍不住又念了他幾句，被孩子回說：「你看！你又來了！」

當孩子好像可以好好遵守規則，早睡早起，上課不拖拉，結果才維持三天，他又來了！

我們關係改善的速度，反而不及破壞的速度。

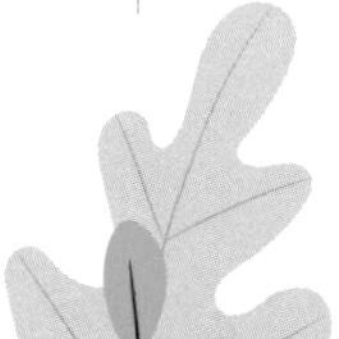

輕鬆一下，我來說個自己的故事。

我在演講時常跟聽衆說，我有在上健身房，有請健身教練，聽衆常露出狐疑的表情，因爲我的體態眞的不像是有在規律運動的人。

我是這樣運動的：健身課時慣性遲到，最高紀錄遲到了二十分鐘（一堂課也才六十分鐘），健身時因爲體力太差，常常無法達到教練的要求，下了課，雖然教練鼓勵我再留下來自主做個有氧運動，但我大多直接離開，然後吃宵夜。

我的體重就跟你們的親子關係一樣，加一分，扣十分。

你會給我什麼建議呢？對，就像你想的那樣，我應該持續的去健身房，漸漸的，我的體力會越來越好，而且培養出運動習慣之後，可能之後的飲食習慣也會改變，這樣體態就會越來越健康。

如果這樣下去，原來每次只加一分，就會慢慢的變加兩分、加三分；扣十分就會慢慢變成扣九分、扣八分……最後，我們總會撐到正負相等，然後，正大於負的那一天。

如果繼續以健身爲例，表面上我要維持的是一個運動的習慣，事實上要改變的是一整個生活型態。

我必須改變日常生活作息，有較充裕的時間可以去運動，讓自己少點藉口，減少工作與生活的壓力，以及自己因爲工作忙碌而紊亂的飲食習慣，這些看似都與運動沒有直接相關，但是疊加起來的影響卻十分巨大。

如果你也跟我一樣，不是天生愛運動的人，那我們必須有意識的、有計畫的形成改變，教養也是如此。我知道在大多數的時候，可能出現問題行爲，或者犯錯的是孩子，但我們既然是要幫孩子，那我們必須得自己擔待著點，畢竟孩子對於問題的認知、對於未來的想像，或者改變的動力，原本就不像大人這麼成熟。

所以，如果你自認是大人，自認比孩子成熟，那我們改起來就應該比孩子快喔！好啦，以上這句話有點激將法的意味，大人改起來也不見得很快啦，大人改變時會遇到的限制可能有以下幾點：

一、我是父母

這點眞的是大家過不去的坎，一個孩子從小看到大，現在竟然開始不聽話了！身爲父母，即使不是太權威式的管教方式，但畢竟還是父母呀！講話沒人聽、在孩子的心中開始沒地位，眞的挺令人沮喪、生氣。

不要以爲只有高壓管教式的父母，才會常把我是爸爸／媽媽的這個想法放在心上，在許多與孩子關係良好，對孩子盡心盡力的父母身上也很常見，因爲孩子終究會接觸到外面的世界，終究會接受到與父母不同的價値觀或行爲方式。對孩子來說新經驗與舊經驗的融合，就像前一章提到的同化與調適的兩種方法，是孩子的功課。但對家長來說，感受到的可能是孩子與自己漸行漸遠，漸漸脫離自己的生活，難免會有些不習慣，甚至反彈，此時，如果孩子的行爲又較偏離家長的想法，更容易引發家長的情緒。

二、對教養的期待

孩子的行爲會讓家長有情緒，一部分是孩子眞的偏離了我們的預期，一部分是我們自己的反應也偏離了自己的預期。這點在認眞努力、做了很多功課的家長身上尤其常見，總有一種知行無法合一的挫折感，也可能轉變爲自我貶抑或放棄。

「我想做一個怎樣的家長」是多數家長需要去思考的，對教養的期待，其實是對自己的期待。既然是期待，那當與現實出現落差的時候，該如何處理與面對。期待越深，不見得傷害會越大，但有可能限制了父母在當下的反應與感受。

父母也必須時刻的注意自己的狀態，是在處理孩子的問題，還是在處理自己的挫折感，或者自己的期待沒有被滿足的失落？

三、把孩子當作是自己的延伸

王力宏有一首歌叫「愛你等於愛自己」，孩子是媽媽身上分離出來的一部分，又流著父母雙方的血液，父母也很有可能把孩子當作自己的延伸，除了愛之外，自己的價值觀、未被滿足的期待與遺憾，可能也會延續下去。

在兒童發展上，有一個非常重要的概念叫分離個體化（Separation-Individuation）。舉例來說，我的孩子最近剛滿十個月，他跟媽媽目前的相處簡直就是形影不離，心理學家認爲在嬰兒的感受上，他跟媽媽就是一體的，目前完全依賴媽媽，但隨著年紀增長，嬰兒開始要學會去分辨，他跟媽媽是兩個獨立的個體。

這時候媽媽的角色就很重要了，要提供一個穩定的存在，讓孩子知道媽媽一直都會在的安全感之下，放心的成爲自己。我的孩子剛開始會爬行的時候，我們也是放他在地上亂爬，他從在我們懷裡到怯生生的爬出去、又時不時回頭確認我們還在不在，到現在放肆的亂爬。這樣的分離個體化，除了在嬰兒期之外，青春期會再重新經歷一次，讓我們成長爲一個獨立的大人。

在許多狀況下，孩子是無法與大人完成分離個體化的，在孩子需要探索時放手、需要安撫時靠近，才能讓孩子從完全依賴、完全的自戀當中，慢慢部分成長爲獨立且適當自信的樣子。偏偏我看到的許多家長是在孩子要探索時給予限制或干涉，但在需要安撫時又給予指責或嘲諷（有些家長認爲，這叫給孩子鼓勵），反而會限制孩子成長。

青春期的分離個體化也是如此，孩子會開始去檢視自己從家庭中帶來的生活習慣與價值觀，與他目前所在的社會情境適不適合，與其說孩子是叛逆，倒不如說他是要成長為自己，過程中難免會衝撞，重要的是家長如何看待這個衝撞。

我認為，家長也需要把自己與孩子分離，畢竟這是孩子的世界，好與壞姑且不談，這是他所屬的世界，你不尊重或理解，他就不理你，最後傷害彼此的感情。

你會說，孩子做錯了怎麼辦呢？

我的孩子最近剛學會爬行，從床上摔了下來，碰了一鼻子血。當時我真的是心疼了很久，還好他後續沒有出現什麼神經學症狀，不然我一定會非常自責。

我承認，當下我非常慌亂，我想這是大多數家長在遇到孩子出現問題行爲時的反應吧？但是在冷靜下來之後，我發現孩子開始注意到某些事物是危險的，開始會停下來看一看，認眞來說，這次的受傷對孩子是有正面意義的。

我又要講我在做的「實踐心理學」了，在我知道這件事是有益的情況下，忍住自己的擔心與焦慮，讓事情做完，靜待結果的發生，然後檢討與修正。

很難忍，我知道啊！不過你想一想，當孩子跟你抱怨功課很多很難、上課很無聊的時候，你怎麼說？

不要只會拿大人的身分出來壓人，我們一起練習分離個體化吧！

尊重孩子、關注孩子、必要時給予協助。

孩子會愛你的。他原本就是愛你的。

☑ 穩定自己，才能穩定孩子

不知道你有沒有說過這樣的話：「這次考試考好，你要什麼禮物都可以！」「如果你沒有做到的話，永遠都別想再玩電腦了！」以上這些話，看似是在建立規則，其實是情緒的高來高去。這也是教養上的一個難題，有些時候，我們根本不是在執行教養，是在發洩情緒或在逃避問題。

我曾經在演講時問過孩子們一段話：

「各位同學，當你爸媽問『這次你爲什麼考不好？』的時候，他們是眞心想知道你爲什麼考不好嗎？沒有，他們只是想罵你而已。

當老師要你在考卷上把訂正的答案抄下來，他眞的會在意你眞的學會了嗎？沒有，有些老師只是想讓家長看到，錯誤的地方已經用紅字寫上正確的答案了。」

以上這段話有些戲謔，我不能以偏概全的說全部的家長都是這樣，但這是可以提供我自己以及讀者們一起自我提醒的。

我們在遇到孩子問題的時候，出現的情緒與想法是什麼？

我們常講穩定情緒，好像這個很容易，人人都會一樣，其實情緒的背後拖著一大團原因，才是重點呢！以下這個練習，是我常跟孩子做的，很推薦家長也一起來做做看。

兒童版的內容可能會是：

日期	發生的事情	我的想法	我的情緒	結果
5／6	我問小明今天的功課有什麼，他不理我，還罵我笨蛋。	他有什麼資格罵我笨蛋，他才是笨蛋呢！	生氣，罵他是笨蛋。	被老師罵。

家長版的內容可能是：

日期	5／6
發生的事情	下課去接小展時，老師說他罵同學，被老師制止了。
我的想法	(1)每次別人的小孩都沒事，我的小孩都問題一堆，現在看到老師朝我走過來都會很緊張。 (2)小展怎麼又來了！不是跟他說要忍耐嗎？同學說什麼就不要理他啊！ (3)他為什麼這麼不聽話！
我的情緒	(1)挫折 (2)生氣
結果	在摩托車上念了小展一頓，小展回家。

我的工作常需要整合家長與孩子的資訊，並促成雙方交流，有時還會涉及親、師孩子三方，所以我會在同一件事情上，聽到三方的見解。

我先假定孩子沒有說謊，以上這個例子來看，孩子與家長的情緒都有不得已的苦衷：

如果你是小展，跟同學問個問題就被罵笨蛋，你不會不高興嗎？而且你想一想，這個情況搞不好已經發生很多次了！告訴老師？老師來了可以做什麼？而且每次都是我生氣，老師搞不好已經對我有成見了！

如果你是家長，每次都被老師投訴，有時問題還會涉及到別的孩子、別的家長，還要去道歉，孩子講都講不聽，你不會很厭世嗎？

談到這裡，看似無解。

這就是上面這個表格的好用之處了。

遇到問題的時候，我們常會覺得「解決這個問題」就好啦！這很容易陷入套套邏輯：「孩子不專心、叫他專心就好啦！」、「孩子成績不好，去補習就好啦！」、「人家欺負你，不要理他就好啦！」

如果以上這些你都沒感覺，我來說一個現代人的痛：

「買不起房子，下班多兼幾份工作，多賺點錢就好啦！」

我們不是笨蛋，孩子也不是笨蛋，如果真是舉手之勞，很容易就做到的，他沒有理由不做，所以分析想法才顯得這麼重要。

對於家長來說，處理自己充滿負面與挫折的想法才是重要的。你有發現嗎？我們在想法產生的時候，非常急著找出對錯、找出誰該負責、給予改善的指令，但在事情發生的當下，先體諒你所產生的負向想法，才能換得一些情緒的穩定，進而說出更有效的話。

或者有時候根本不用什麼有效的話，不要破壞到親子關係，就要偷笑了。插科打諢一下，我記得以前有個藥品公司的廣告就是這樣說的：「先求不傷身體，在講究效果」。

不得不說，很多教養的規則根本就是在飲鴆止渴，畢竟我們是父母，孩子比較弱小，形勢比人強，他們忍著忍著也就過去了，但只要他們有機會反抗，不管是明裡暗裡，他們都會反抗。

甚至我們這一代受傳統教育的人，也未必這麼「受教」，只是當時的環境讓我們比較不敢反抗而已，許多人對於學習、對於工作，甚至教養，想到的是責任並不快樂，只是當時的我們還可以勉爲其難，現在的孩子不行，如此而已。

回到家長身上，首先要練習的，就是發現我們在遇到問題當下所產生的想法。這個想法不一定是錯的，但總是有可以修正的地方，不然的話，親子之間就不會有問題了。

至於要怎麼修正呢？先從我們體諒我們自己開始吧！

我的想法	我的情緒	為什麼我會有這樣的想法？	暫停與體諒自己的想法
(1)每次別人的小孩都沒事，我的小孩都問題一堆，現在看到老師朝我走過來都會很緊張。	(1)挫折 (2)生氣	(1)被老師抱怨，讓我覺得自己好像是個不合格的家長，好像很不會教小孩，感覺很丟臉。 (2)小展屢勸不聽，真的讓我覺得無	(1)被抱怨真的是有點丟臉，對老師也不好意思，不過老師也是很用心在教導小展，我也是個用心的爸爸／媽媽，先停止自責吧！

(2)小展怎麼又來了！不是跟他說要忍耐嗎？同學說什麼就不要理他啊！

(3)他為什麼這麼不聽話！

計可施，感覺很挫折。

(3)另一半如果聽到小展在學校又表現不好，又會生氣了，我也會遭殃啊！

(4)小展這樣到底有沒有問題啊？是不是壞孩子？還是有病啊？

(2)小展會這樣做一定有原因的，沒有孩子喜歡故意被罵呀！我來問問看當時發生什麼事了！

(3)教養是夫妻共同的事，如果另一半不高興，我必須請另一半一同加入討論。

(4)不確定的事，想破頭也沒用，不如讓專業醫師評估看看。

在塡這個表格的時候，請大家注意幾點：

一、不要爭辯事實

像是上述案例裡，小展的確罵人了、我們也的確產生不好想法或情緒了、老師或許眞的對小展有成見了，這些都是我們改變不了的。我在先前的著作《反芻思考》裡提出類似的概念，我們對事實的爭辯，大多是我們希望事實自動改變或消失，有點否認事實的意味，所以接受目前的狀態是改變的第一步。

二、陳述想法與情緒，而非謾罵

還原現場是我與孩子溝通時的第一要務，我要知道的是發生了什麼事、你是怎麼想的、你接下來做了什麼。

不罵並不代表我認同孩子做的事，他們做的事不一定是對的，同樣的有些家長，包括你、包括我，所做的教養方式也不一定是對的。但我們不是來評判與懲罰的，是來幫助他的，所以我請家長必須先以陳述的方式寫下自己思考歷程，如果在過程中，你眞的忍不住罵自己了也沒關係，有注意到能停則停，下次會更好。

不然，這本書會變成「我請你不要罵，但是你罵了之後，我又罵你『不是跟你說過了嗎？知道了還罵』」的無限負面迴圈裡。

三、教養是夫妻的事

爲什麼教養如此之難，因爲教養包含了我們從小到大的成長歷程、本身的教養經驗、求學與就業歷程，還有這個社會的價値觀，然後再融合另一半的成長歷程……（以上請自動複製貼上），還有學校老師、安親班老師他們的成長歷程……（請自動複製貼上），還要再加老師各自專業訓練背景給的建議。

以上還是大家都在理性層面之下的各種觀念融合，我還沒提到一些跟教養無關，但的確會影響教養的因素：例如夫妻之間的關係、衝突，或者婆媳之間的角力，自家孩子的表現在家族內親戚的觀感，與學校同儕相比較的壓力等。

不得不說在我看過的經驗裡面，有些情況，哪裡是教養，根本是政治！

這一點涉及的主題太多太複雜，如果讀到這一點的你有一些感觸，對，可能意味著你必須思考與處理人生中其他領域的問題，不然，如果教養混雜了一些其他的因素，這樣就變得非常不可控，會讓你更挫折。

建立你自己的思考歷程吧！

日期	
發生的事情	
我的想法	
我的情緒	
結果	

我的想法	
我的情緒	
為什麼我會有這樣的想法？	
暫停與體諒自己的想法	

☑正常的改變軌跡

高中的時候，我有個同學平時上課非常混，成績不太好，有次突然驚覺這樣下去一定會不及格，於是在期末考前一天發憤讀書，還眞的讀了一整天。

結果，隔天考試成績依然沒有進步，數學還是被當了。他很生氣的說，我的努力都沒有用，以後我再也不要讀數學了。

你應該猜到我想說什麼了。

等待的時間往往最折磨人，尤其是眞的做了改變之後的等待，每一次都可能會讓我們懷疑這些改變是否朝向正確的方向，更別說如果期間遇到失敗的時候了。

說實話，別說是寫書，有很多未知的情況，就算你帶著孩子實際到診間來找我諮詢，我也不敢百分之百的確定，我給你的方向是完全正確的。

但有一點我可以肯定，認識自己的內心、認識孩子的內心，絕對是有幫助的。

這又會遇到一個問題：孩子不讓你認識，該怎麼辦？

有很多家長覺得我可以很快的跟孩子建立互信關係，他們自己做起來都很慢，覺得很沮喪。其實是因爲我對於孩子來說是一個新的存在，只要我一開始做的夠好、夠友善（請注意，友善非討好，如果建立在討好之下的關係，只要開始談到規則與限制，這段關係就會結束了），基本上是可以讓孩子打開心房的。

但孩子跟家長就不同了，既然是問題，必定存在一段時間，必定也試過一些改善方法但無用，所以家長與孩子之間的愛恨情仇是比較複雜的，想想我前面提到惡老闆的例子吧！惡老闆要和善多久，你才會相信他眞的改變了？

喔，還有一點，我都會戲稱「因爲我有收你們的錢」，事實是在我們的專業訓練上，非常強調把自己跟個案的情緒分開，所以面對孩子能維持穩定，是我的專業，換句話說，如果是對我自己、對我太太或小孩，或許我也好不到哪裡去。

對，我眞的好不到哪裡去，我不擔心讀到這段話的你，會質疑「你自己也做不好，憑什麼來教我們？」因爲我看過太多人走過教養這條路，而自己也實際走在這條路上，我先當教練、再當球員，用兩種身分告訴你，這場教養的比賽不好打，我們一起努力，這夠有說服力了吧？

☑改變的過程不會太舒服

教育其實是一件違反人性的事，人雖然說是萬物之靈，但我們基本上都還是凡夫俗子，所以或多或少會有貪圖享樂、逃避痛苦，或者一些天生的、需要克服的人性。教育即是如此，要孩子乖乖的坐在教室不出去玩，晚上想要打電玩還要先寫完功課，大人還時不時拿出什麼「別急著吃棉花糖」的理論來訓練他等待跟忍耐。

在教育孩子的過程中，即是一點一滴的讓這些反人性的習慣滲透到孩子的生活裡，練久了自然就會。對現在的孩子來說，猛藥式或權威式的規則或壓抑已經不是好用的方法了，但有些家長還是很喜歡傳統儒家思想下所教育出來的規規矩矩、有禮貌、自動自發、負責任的小孩。

如果這是孩子天生的性格，恭喜你這樣的孩子眞的很難得，在教養的過程可以省點力，但現今很多小孩明顯就不是這樣，我們也必須修正對小孩的期待，不能拿「特例」來要求一般的孩子。

對，你我都是一般人，我們的孩子也是一般人，不能拿聖人的標準來要求，就如同我必須體諒孩子與家長在互動過程中所做出的一些互相傷害的行爲一樣。

如果我眞的要要求些什麼，只能說我們身爲大人、父母，在教養過程中，自己要先改變。我看過有些家長來找我的目的，是希望我解決孩子的問題行爲，但不想了解或與我討論這個行爲所產生的原因，就算我可以幫助孩子，你覺得這個改變可以長久嗎？

人與人相處除了規則之外，我看到更多的是情感的互動。許多孩子在治療室裡，會因爲他喜歡我，而願意多等一下、多做一點訓練、多寫一點功課。這並不是一種自上而下的情緒勒索，不是一種「如果你不做好，你就不是媽媽的乖孩子／老師的乖學生」之類，而是孩子發自內心的願意跟你一起做，因爲他知道我會等他，或者做不好我會幫忙。

在此我需要澄清一下，許多孩子來找我時，都是有狀況的，我的等待與幫忙，並不是建立在討好之上，而是我也眞的發自內心的想跟他們互動，想了解他們，不管好的還是壞的。

我當然也會說出我的想法，但更多的是先了解他們的想法、了解他們的生活，最後等到他願意相信你了，才會告訴你，他不做某些事或做某些事眞正的困難。

說到最後，這些困難一部分都還算好解決，那爲什麼不跟大人講？因爲在過程當中，孩子自己的確有做不好的地方，大人大多會先指責這些地方，然後期待孩子自己去解決困難。

最後孩子就會學到，反正也是被罵、反正他們也不會聽，但規則又擺在那邊，只好各種拖延、各種擺爛，結案。

回到大人身上，如果家長有心要改變，在這本書裡，我也沒有要大家當聖人，而是在「了解孩子困難」的前提之下，先看清楚自己「沒有辦法好好的了解孩子困難」的難處在哪裡。

這個難處或許跟孩子很像，反正講了孩子也不會聽、反正講了孩子也會頂嘴，或者這與個人的性格不符、沒有時間、跟孩子互動少等各種原因。

所以我花了不少的篇幅告訴各位，大多的教養書都跟你說，什麼情況、做些什麼、就會有效果。但如果你看了不少教養書，效果卻很有限，建議你從自身開始練起。

我很喜歡籃球，除了比賽之外，跟籃球相關的訊息，我也很有興趣。

你知道ＮＢＡ球員的訓練菜單是什麼嗎？

跟籃球相關的有：投籃練習、運球練習、五打五或三打三的練習、熟悉戰術、看比賽錄影帶等。

跟籃球無關的有：長跑、上肢與下肢的重量訓練、游泳、戰繩、背著輪胎跑步、飲食控制，還有心理諮商。

請你思考一下以上這些東西，在一個籃球比賽的重要性。

市面上大多數的教養書都在講籃球，你放心這本書也有，但在我臨床的經驗上，那些跟籃球無關的東西，也扮演了很重要的角色。

做一個運動員之前，先做一個健康的人；在成功教養之前，也先做一個溫和且穩定的人吧！

心理師想跟你說

好爸媽養成術

 分離個體化	我的孩子不是我的孩子。 他是一個可以獨立思考的個體。 即使他的思考與行為有不當之處，也必須努力引導。
 加分扣分	沒有每天在過年的。 教養的過程也是悲喜交加。 保持信念，持續前行。 總有一天會加很多分。
 心的接觸	關係改善了，孩子也會跟著改善。 認識自己的內心，也認識孩子的內心。

孩子不完美，家長也是。
溫柔的擁抱孩子之前，也記得溫柔的擁抱自己，
我們都在學，怎麼靠近彼此。

第四章

孩子分心不奇怪

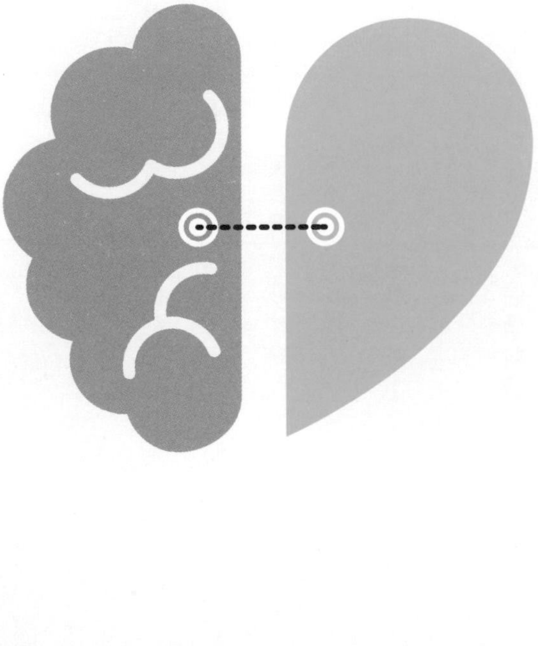

☑ 專心有什麼困難？

小文從上小學時，就容易忘東忘西，爸媽幫他送文具或各種用品到學校已是常態，聯絡簿漏抄、鉛筆橡皮擦常弄丟、買新的之後繼續丟也見怪不怪，更慘的是上課不專心，回家寫功課拖拖拉拉，或者沒寫功課，到學校卻跟老師說忘記帶，由於他的記性眞的不好，老師也不確定是眞的忘記，還是小文說謊。

直到高中，只要小文在房間裡待超過半個小時沒下樓，小文爸就會跟小文媽說：「你兒子睡著了。」

跟小文相比，阿中功課漏交的狀況更爲嚴重，曾經被發現一整個學期的功課都沒寫，也因爲這樣，小學時連續被三間學校「退貨」。

除此之外，阿中活動量也很高，如果光看行爲，大概跟猴子沒兩樣，老師已經罵到不知該怎麼辦了。

這是兩位成人個案的回憶，你猜猜小文跟阿中長大之後變成了什麼樣子？礙於篇幅關係，無法做一頁全空白，馬上揭曉謎底，阿中長大後成了一位精神科醫師，至於小文就是我。

這是我在某次準備一個專注力相關主題的演講時，跟同事談起我的成長經歷，我的同事精神科醫師阿中，跟我分享了以上的故事。

我無意營造一種我們很厲害，或者給家長一種未來很有希望的感覺，但在這個議題上，我想從臨床心理師與半個「個案」的角度來談專注力這個主題。

專心到底難不難這件事，其實跟數學到底難不難一樣，有些人一學就會，有些人不會就是不會。

不過給你一點信心，改善專心，某個程度上比提升數學能力更有可能做到。

到底注意力是什麼呢？

學術一點來說，根據美國心理學會（American Psychological Association, APA），注意力（Attention）是一種可以集中在環境的某些地方，而非其他地方的認知資源，或者中樞神經系統處於對於刺激做出反應的狀態。

讓我來翻譯一下吧，我們可以把認知資源想成是「大腦的運作」，也就是俗稱的「動腦」，這是一種比「感官」還高級的能力。也就是說，就算你聽到了、也看到了，要進到大腦的處理歷程，才算涉及認知。舉個例子來說，如果你聽到一串西班牙文，你的耳朵正常，聽覺也正常，但因爲你聽不懂西班牙文，所以你只能算有感官，但沒有認知。

換言之，如果你聽著一堂很難的數學課，即使老師講的是中文，是你可以理解的語言，但如果你不想去思考老師講的內容，你的認知並沒有啟動。

我繼續白話翻譯，所以注意力某個程度上是孩子有沒有「看進去」或「聽進去」，而且這個看跟聽是有選擇性的，我們可以有意識的選擇聽老師說、選擇不聽同學說、選擇看黑板的字、選擇不看窗外的白雲。

除了選擇性之外，注意力資源是有限的，例如我們一次能夠聽懂的句子長度，有固定的語速跟字數，當我劈哩啪啦跟你講一長串訊息，即使你沒有注意力的問題，你到中後段就可能分心。

說到這裡，所謂不專心的孩子就有可能遇到兩個現象「選擇困難」、「注意力資源不足」。

如果你還記得，或者有注意到上面有一句「中樞神經系統處於對於刺激做出反應的狀態」，恭喜你，這句話有進到你的認知歷程。由於這句話並不好懂，所以如果先前沒有學過生理相關學科的人，大腦有可能要調動以前所學過的東西，試著讓自己理解這句話，有時候這個過程太麻煩，大腦乾脆就跳過這個訊息，這也是一種不專心的表現。

其實上面這句話的意思就是要告訴你，注意力好壞其實跟大腦功能有關。其實我們許多能力都需要用到大腦，例如學習能力、思考能力、反應速度、一些技藝（如球技、琴藝）等，所以一些能力的高低只是反應了目前大腦功能的強弱，是可以透過訓練來改善的。當然，訓練之後，我們會遇到一個很不公平的事，就是每個人能力的天花板不同，就像我練籃球一輩子也不可能會打進ＮＢＡ一樣。不過只要有心，籃球能力會精進，這是肯定的。

☑ 分心的原因是什麼？

講了這麼多，到底專心有什麼難呢？除了孩子的大腦在選擇、資源上的不足之外，還有很多額外的因素會影響：

一、智力

當你聽著一堂鴨子聽雷的課程時，你能維持多久的專心呢？不得不說，智力是一個很殘酷的限制，請注意，我並非說孩子是「智能不足」，沒有那麼多標籤可以貼。當我提到智力時，是要提醒家長，孩子學習出了狀況，沒有辦法理解課程內容，我們要把焦點放在課程內容上，例如講授速度慢、講解仔細、換個方式或教材來講解等。

此外，不專心不等於成績就會不好，我遇過有些很聰明的孩子，因爲隨便讀一讀就會了，所以根本不用太專心，又因爲成績好，老師與家長容易放過他，造成不專心的問題被忽略了，直到之後升學遇上難度較高、需要較多專心的課程內容，成績才出現斷層，因此才被發現。

所以，成績不是一切，孩子的學習歷程才是重點。

二、規劃能力

這與孩子的性格有關，有些孩子做事比較有規律、有些孩子則比較不按牌理出牌。有些規律性較差的孩子，如果引導的好，可能會比較有創造力或新意。但不管如何，在學校或社會上，基本的規律還是要有的，所以有些孩子無法形成穩定的行動計劃，一下子想做這個、一下子想做那個、一回頭又忘了剛剛要做哪個，導致看起來一副不專心的樣子。

三、情緒穩定度

如果孩子容易生氣或遇到複雜的作業容易放棄，專注力根本無用武之地。

挫折忍受力是孩子在學習時很重要的輔助能力，因爲學習是枯燥的，所以，家長必須把焦點放在孩子對挫折的反應上，而不是重複那句萬年指令「要專心」。

另外，孩子在生活中也有可能遇到一些會產生情緒的困擾，家長也該試著理解（你看，前幾章談的是不是很重要？如果家長不先搞定自己，根本無法理解孩子）。孩子所處的環境雖然只是學校、安親班、家裡，接觸的雖然只有老師跟同學，但在那個群體裡，該有的煩惱也不會少。

四、人際關係

在大人的觀念裡，上學是要學習的，但在孩子的世界裡，上學是去跟同學玩的，只是「順便」學了點東西而已，所以如果孩子可以自己安排課表，他們才不會把國語、數學的時數排那麼多。

尤其現在的教育更強調團體學習，人際關係又更顯重要了，所以在校無法搞定人際關係、甚至被排擠的孩子，也很難專心在學習上，此時不是孩子本身的專注力有問題，而是受到了其他因素的影響。

五、被動攻擊

被動攻擊（Passive-Aggressive）是一個很矛盾的概念，看似無作爲，但實際上是攻擊，你可以把它想像成是「無聲的抗議」，畢竟孩子是弱勢，當他遇到一些不想做、卻又無法反抗的事該怎麼辦呢？反正說了也沒用，那我拖延總可以吧？我可沒說我不做喔！但是你也別想我會多認眞做。

六、臨床症狀

我把這一點寫在最後，而且我不想列出診斷準則。

因爲我知道，即使我再怎麼呼籲，只要我列出診斷準則，大家還是會忍不住的對號入座去猜測孩子的狀況，這根本就是一種引誘犯罪，所以我不列。

我在 YouTube 上看過一個影片，名叫「不要搜尋你的症狀（Never google

your symptoms）」，是一位瑞典醫師所寫的一首歌，其中的幾句歌詞是「不要上網查你的病症」、「你會得到無數種診斷與建議」、「每一個跡象都說明你情況嚴重」。

我只能說，每一種方法的效果都有其極限，你讀了心理師寫的這本書，但這只是我部份知識跟經驗的整理，無法代替我所唸過的所有心理學書籍、看過的所有個案，再說了，我的「所有」在真正的兒童臨床心理學裡，也只是滄海一粟，如果你嘗試了解孩子、改變孩子，但作用都不大時，請你找專業人員協助。

☑心理師常用的專心教學法

葉問說：「好的功夫不分男女老幼，得看誰來打。」在你繼續看下去之前，我必須強調，本書中所提到的方法，都必須在一個家長穩定、了解孩子、足夠耐心的情況下執行。

我先前給家長做過很多建議，例如花時間陪孩子做功課、花時間看孩子錯的地方、等待孩子完成指令等等，但部分的家長的回饋是，只要他們一靠近孩子就躲開，只要教功課，最後不是他們自己生氣，就是孩子生氣，或者等待到最後，眞的受不了孩子的拖拉，只好嘮叨或生氣收場。

我眞的覺得教養需要準備，尤其是面對有狀況的孩子時。孩子本身的表現已經不好，而他們可能因爲過去種種的被否定或不諒解而產生自卑、自責或逃避，這些情緒可能會以吊兒郎當或憤怒來表現，他們也會觀察大人的反應，所以大人的穩定是重要的，讓他們眞正知道大人是來幫忙，不是來罵人的，才會慢慢萌生配合與改變的動機。

我曾經教過一個孩子數學，教了二十幾次，當每教完一次，孩子出現抗拒或困惑時，我刻意的讓自已慢慢的說：「沒關係，我再教一次，這題眞的很難對不對？」「我換一個方法，你聽聽看。」「你累不累，要不要休息？或者我們先進到下一題，等等再回來？」

一開始眞的要刻意的練習平緩的語氣（即使這是我的工作），但做著做著也就習慣了，支持我繼續下去的，是孩子終於聽懂之後，眼中散發的自信。

你知道嗎？自信心的培養，不是大人一直在旁鼓勵說「你很棒、你可以的」，事實上就是不可以啊！事實上就是做不到啊！孩子沒有眼睛自己不會看嗎？當你帶著孩子一步一步眞正完成一些事情、學到一些東西，不用你講，他就會有自信了。

或者到最後失敗了，你第一時間的反應，決定了你是隊友，還是罵人的大人。如果你眞的認同「努力的過程比結果更重要」的話，你也會像我一樣願意嘗試。

以下談談我在治療室常做的小事：

一、觀察

對我們來說，先把孩子的問題看清楚是重要的，從孩子進到治療室中的行爲表現、對什麼有興趣、家長跟心理師說話時、他在做什麼等等，都是觀察的一部分，在家裡請爸媽也仔細觀察，孩子做哪些事的時候容易分心、他是怎麼做的、做的品質怎麼樣，請注意避免情緒性的字眼，像是做紀錄一般，把孩子的行爲記錄下來。

觀察有什麼用呢？藉由觀察，看到孩子不專心的行爲，可以思考一下是否能對應到上述不專心的原因，進一步給出更合適的要求。此外，可以透過觀察「建立基準線」，也就是孩子平常的表現可以到什麼程度。

孩子不喜歡太難的作業，也不喜歡簡單過頭的作業，如何給出一個適當的難度與分量，有賴於平常的觀察。在此提醒家長，我們必須一直思考一個問題「孩子眞正的能力到底爲何」，避免在下指令時摻雜了自己的期待，下了過難的指令。

二、下一個有效的指令

美國的精神醫學教授 Russell Barkley 認爲，只要給一個好的指令，孩子順從的程度就會有進步，他建議的好指令有：

(1) 確認家長是認真的

先想好再說！與其一下子給了一堆要求，倒不如從當中挑選幾樣你眞正在意的，堅持讓孩子做完。

(2) 不要用請求或詢問的方式提出

簡單直接是第一要務，如果這件事是非做不可，下一個清楚的指令就好，例如：「現在把玩具收好」，你不必大呼小叫，但語氣要溫和而肯定。在臨床經驗中，如果孩子出現抗拒，家長可以給予部分的協助，也避免孩子反抗而一直僵在原地，家長可以先釋出一點善意，等待孩子的回應。

(3) 不要一下子給太多指令

大部分的孩子一次只能接受一個到兩個的指令，如果你的要求很複雜，請先把它拆分成幾個步驟。

(4) 確認你的孩子專心在聽

你曾經在孩子看電視或打電玩時，在背後跟他說話嗎？大多數時候，你會聽到孩子說「喔！」、「好！」然後繼續玩。此時你的指令根本沒進到他的思考歷程，他只聽到一串聲音，彷彿你在說什麼，生存的本能告訴他，一定要說「好」，不然爸媽會繼續念，但他其實沒聽進去你說什麼。

所以，走到他面前，看著他的眼睛，確認他真的聽到了，再繼續下一步。

(5) 減少讓孩子分心的刺激

延續上一點，先關掉電視或手機，再下指令，如果很困難，那我們的任務可能要先調整爲「等他看完電視後再下指令」，或者「建立合適的電視或手機時間」。同樣的，我們在下指令的時候，也記得要先放下手邊的手機與工作喔！

(6) 讓孩子重複你的話

除了重述一遍，確認孩子有聽進去之外，也要再詢問一下孩子知不知道該怎麼做。

(7) 製作卡片

有點像闖關任務的卡片，請孩子解鎖一個任務之後，再來拿一個。

(8) 訂下期限

提醒孩子還剩多少時間，要明確到分鐘的程度。如果孩子對時間比較沒感覺，設定一個可以看得到或會發出聲音的計時器是重要的，如果孩子還是拖拖拉拉，家長可以跳下去跟他一起做。

實際演練時，你可以這樣下指令：

原則	實例
確認家長是認真的	回家後要把安親班沒完成的功課寫完喔！
不要用請求或詢問的方式提出	把數學習作拿出來，沒寫完的地方寫完（再細膩一點，圈出該寫的題目）。
不要一下子給太多指令	把「先把數學習作做完、然後訂正考卷、再去洗澡」三件事，分成三段來講。

訂下期限	十分鐘內，要到陽台把衣服收進來喔！

在這些指令裡，盡量減少孩子思考的時間，訓練成自動化、習慣化的反應是重要的，畢竟一些生活瑣事或常規，有時根本不需要浪費太多腦力去思考，或者一開始要花腦力，但在熟練之後，就可以開啟自動導航模式。

以下是我覺得 NG 的指令：

內容	原因
你知道現在該做什麼嗎？	有些孩子還真不知道，或者在這種模糊的問題下，很容易給你來個風馬牛不相關的答案，讓你生氣。
把數學課本拿出來好不好？	可以說不好嗎？如果不行，就不要埋這種伏筆，讓孩子有頂嘴的機會。

我覺得你最近的表現不太好	到底是什麼？直接講出來，不然孩子又要亂猜囉！
我數到三，你給我去洗澡！	直接說「請你現在去洗澡」就好，拜託不要讓孩子帶著不甘不願的心情去洗澡。
如果你功課沒寫完，今晚就不要睡了！	除非你真的打算不讓他睡，否則你的信用就會破產了，下次孩子就知道你只是在說說。

三、不下指令、不做評價的陪伴

當你下了指令之後，就別再下指令了！在旁邊看著孩子執行任務。教養從來就不是一個你下指令之後，孩子就會自動去執行的事。

或許有些孩子會，但如果我們家的孩子不會，也沒什麼，練習久了就會了，這也是先前我在講改變的軌跡時，一個很重要的觀念，要讓孩子發自內心的願意執行這項作業，也必須要家長發自內心的陪伴。

陪伴是有好處的，但有些陪伴反而是壓力，因爲家長可能會開始評價孩子的行爲：「這邊又寫錯啦！」「這邊你怎麼會這樣寫咧？」「都多久了還做不完！」我知道你很急，孩子也確實做錯了，但我們的介入很可能會引發他們不必要的情緒。

這個情緒一上來，整個訓練就失焦了，因爲接下來被引發的，就是大人的情緒。日子一天天過去，但情緒會留下，孩子下次只要遇到類似的狀況，就會開始抗拒了。

舉個例子，你開車的時候，也不喜歡副駕的人一直跟你說：「你走錯路了。」「開太快了。」「轉彎太急了吧！」這些都是缺點，你自己也知道，但在當下真的會很受不了。

在治療室裡，如果孩子的狀況不好，我寧可當週的治療效果是零，也不要他帶著不好的情緒回去。並不是說他做得不好也沒差，但只要我判斷他不是故意的干擾，而是狀況不好時，我會在最後告訴他今天的訓練情況，然後請他下週繼續來試試看。

即便孩子在過程中有很多錯誤，我們也不要在旁一直碎念，可以觀察、統整後，最後慢慢跟他說。

如果你說我把孩子想得太美好，我會說你把孩子想得太壞。說句粗俗的話，是人都有些羞恥心，孩子沒有那麼「賤」會自動討罵，他們也希望自己可以做得好，我們的任務就是盡可能的幫助他做好，當然，這是個有限度的幫助，孩子不能完全把作業丟給我們，只要他意識到我們是真心想幫忙，他會認真做的。

給大家一些現實感，來找我的孩子，一開始也不是全部都那麼聽話的，也因爲我眞的這樣執行過，他們也眞的改變了，我才會請家長嘗試。如果他是惡意不做，其實你兇了也沒用，他搞不好就是想看你兇，至少可以得到你的一點關注。

這並不奇怪，你想想，在我們成長過程當中，有沒有一種人故意跟老師作對，然後享受老師生氣卻又拿他沒辦法，然後同學有些羨慕，又有些不爽的表情。

許多孩子在經驗中學到自己沒辦法達到師長的要求，得不到鼓勵，但又需要家長的關注，所以只好使用這種反抗的方法，反正家長有反應了、注意到了。當你察覺到孩子這樣的反應時，更應該理解與等待。

四、分配與追蹤任務

「老師，每次我叫孩子要寫完作業後才可以玩電玩，他都跟我說寫完了，最後卻發現他都沒寫。」

那個……能不能請你要孩子在寫完之後就拿給你檢查呢？

此刻你腦中可能浮現了許多執行的困難，我來跟你分享一個例子。

在健身房裡，我的體力一直不太好，訓練效果一直有限，最近我跟教練說，我的腰常會痠痛，問他可以怎麼辦。我的教練是物理治療背景，他分析完後告訴我，我平常工時太長、坐太久了，請我定時起來活動五分鐘，也教我一些活動的方法。

我說，我個案很多，很難找到時間，有沒有其他方法。他回答，這是你自己要去思考的問題，畢竟從源頭解決最快。

在教練講完這句話的時候，我想到了家長們。

以下要講的分配任務與追蹤任務，表面上在幫助孩子，但在執行時，非常考驗家長所需要的時間。先前我提過，許多家長帶孩子來找我時，似乎希望來看過我，或者孩子接受我幫助之後，問題就會自動改善，孩子就會又溫和又聽話又自動上進。

現實是，在改變的過程中血淚斑斑呀！

我無意指責家長，因為我知道在現今的社會中，工作壓力真的很大、養家真的很辛苦，生存真的很不易，但有些教養工作非得花時間與孩子互動不可，而且現今的教育情況，孩子的功課大多在安親班完成，回到家孩子也累了、家長也累了，很難談到學習或注意力的事。

所以，家長也應該從自身開始，分配與追蹤教養的任務，試試看自己可以撥多少時間給孩子，陪伴了解孩子的生活、了解孩子在玩的線上遊戲（我覺得這項很難，這眞的不好懂，但過程中請保持好奇、少責備）、在看的YouTube頻道、IG或抖音社群（對，臉書已經沒有人在用了），然後體會一下親子關係的變化。

回到這一點上，有些孩子知道自己要執行一項任務，但具體步驟是什麼、要怎麼做、中間會遇到什麼困難、會不會做到一半又去做別的、回頭忘了原先要做什麼，可能都無法順利執行。

孩子越小，我們做分配與追蹤任務的訓練效果會越好，因爲我們可以幫助孩子規劃、掌握孩子的進度，而且以目前家長的教育程度，國中小的教材或日常生活的問題，至少是我們可以掌握的。

以課業或任務來說，我們可以協助孩子的有：

(1)確認有那些任務。

(2)具體可利用的時間（給出時限）。

(3)任務如何分配。

(4)過程中遇到問題如何求助。

(5)最後可以嘗到的甜頭。

如果要落實在生活中，這種整理跟分配的計畫可以變成：

大掃除時，請孩子思考如何執行被指定的任務；旅遊時，可以試著給孩子規劃半天或一天的行程，從中提醒旅程中可能會遇到的狀況；在玩一些建築或角色培養的遊戲時，也可以問問孩子對於遊戲的規劃。

最後，與孩子一起檢核成果，記得要溫和與具體的說出孩子可以改善的地方，如果需要修正，也可以一起訂定修正計畫。

最後請家長認眞投入，當孩子意識到你與他一起，他會很開心的。

心理師想跟你說

孩子可以更專心

為什麼會不專心？

大腦效率不佳，
無法持續與選擇。

情緒不穩、
被動攻擊。

無法有效
規劃執行。

家長可以怎麼做

不急著出手，
謀定而後動。

有效傳達指令，
確認孩子意願。

分配任務，
協助追蹤。

不帶評價的穩定陪伴，孩子會更有勇氣面對困難。

| 第五章 |

孩子愛生氣
不奇怪

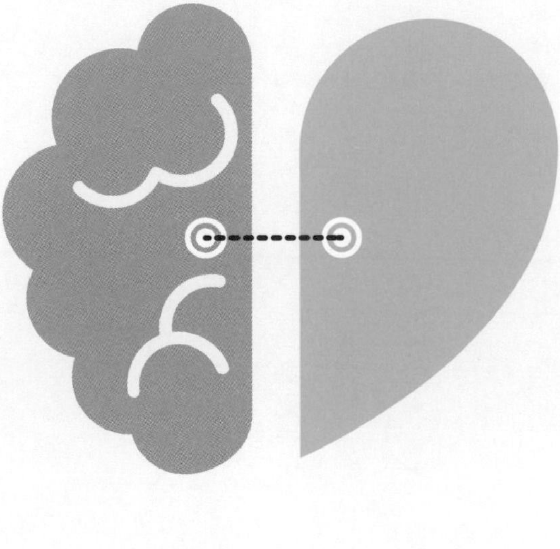

豈止小惡魔，根本是魔王

「我現在只要看到學校老師的未接來電，都會很緊張，是不是我們家孩子又做了什麼了？」小儒的媽媽這樣跟我說。

國小三年級的小儒，對學校的任何人都有意見。對，任何人，只要他看不爽，包括老師。舉凡上課不專心被老師糾正、作業缺交需要罰寫等，更別說跟同學之間的衝突了，只要小儒一個不高興，就會在現場跟你槓上，說不過的，就會動手。

「這有什麼？我看不爽的，我就打，老師算什麼，我爸媽也照打！」

孩子變壞了嗎？

對啊，他就是壞孩子，結案。

如果你心中都已經有定見了，何必來問我？該怎樣就怎樣，交給學校處分、記過、退學，然後……

然後就沒有然後了。

我也看過有許多家長把孩子送到一些校規非常嚴格的私立學校、軍隊式管理的學校，或甚至直接讓孩子讀軍警校，交給別人管。然後也是學校處分、記過……一樣沒有然後。

在臨床上，遇到類似的狀況，家長總是會氣沖沖的罵著孩子、指責著孩子，伴隨旁邊孩子一臉不屑的表情，家長就會更生氣，不一起加入指責孩子行列的心理師，好像是個局外人。

我眞的遇過許多家長，是希望我也一起說「你眞的做錯了」、「你不應該這樣」、「你要改」、「你辜負了爸媽的苦心」，然而我的表現常讓家長失望，因爲我通常不怎麼指責孩子。對，我知道你的腦中或許浮現出「溺愛」、「討好」等名詞，所以有些家長見我不怎麼罵孩子，認爲來找我也沒用，幾次之後就不來了。

別以爲我這樣做，孩子就會領我的情，我還眞遇過孩子跟我說：「你還不是因爲收了我爸媽的錢，才對我這麼好不罵我的。」

天啊，眞的兩面不是人。

☑沒有好與壞，只有適應與否

這不是在打圓場或當和事佬，孩子的確出現了不適當的偏差行爲，但任何偏差行爲都有跡可循，非一朝一夕所造成的。

原本我不太認同家長給孩子所貼上的「壞」的標籤，但是這幾年與家長相處下來，我發現這是這個社會長期存在的，對於好壞的快速判斷，是家長在不知不覺中被潛移默化的價值觀念，並不是家長刻意想傷害孩子。

從家長口中說出「壞」這個字時，也代表了家長在教養過程當中的辛酸、無奈、憤怒，以及快要放棄但又不甘心的掙扎。

這才是教養的現狀，孩子不是一句話就可以改變的，了解行爲背後的原因，對於大人來說，是一個重重的考驗。

當然，世界上眞的有存心要傷害人、存心要反抗師長、存心不守規則的孩子，但是比例非常少，說眞的，如果你相信你的孩子是這極少比例其中的一個，我想你也不需要繼續看這本書。

大多數孩子的偏差行爲，都是許多因素綜合之下所造成的，請你在看到孩子的偏差行爲時，先耐著性子思考一下是否符合這些因素。

一、衝動控制困難

「那時候，我記得小明說了一句話，讓我很生氣，我知道不可以打他，但是我看到我的拳頭朝他飛過去，我心中一直大叫，不要！不要！停下來！下一秒，拳頭已經落在他臉上了。」這是一個念國中的孩子，跟我分享他小時候衝動打人的經過。

你知道嗎？如果想停下來就可以停下來，你該慶幸你的大腦有一個正常運作的抑制系統或剎車系統。

上一章講到注意力是需要選擇性的，因爲我們接受到的訊息非常繁雜，需要我們主動選擇重要的、忽略不重要的。在認知功能裡，抑制功能也是非常重要的一項，因爲我們的大腦隨時都在產生想法，例如在看這本書的你，可能會想著等一下要吃什麼、明天幾點跟誰有約等等，大腦需要選擇且抑制其他無關或不適切的想法。

請注意是選擇與抑制，並不是要孩子完全不要產生想法，因爲這是不可能的。也就是說，通常大人會要孩子「別生氣」、「別在意」，是不可能的，通常我們必須告訴孩子要如何選擇與處理這些想法。

對了，這邊先補充一個下指令的小技巧，如果你要孩子不要做某件事、去做另一件事，例如不要做A、去做B，那麼我們只要說「去做B」就好，因爲孩子的時間只有一份、手只有一雙，做了B，就不可能同時做A。

至於爲什麼要這樣說呢？如果我們提到A的話，孩子的大腦會自動出現有關A的訊息，然後需要再去抑制它，抑制功能不是就已經不太好了嗎？就別增加大腦的負擔了，給予直接的指令即可。另外還有一個理由，當孩子被接受到禁止訊息的時候，也可能會出現不必要的情緒來干擾。

二、生氣的用處

你有沒有想過，如果孩子也知道生氣是不好的，爲什麼要這樣做呢？原因是生氣包含了一些說不出口的話，所以生氣是有用的，生氣是孩子所能想到，解決問題的最好辦法了。舉例來說，小宥覺得爸媽總是偏心，比較疼妹妹，所以當妹妹做錯事影響到小宥時，小宥就會特別的失控，彷彿是要說些什麼似的。對小宥來說，「爸媽偏心」這件事，每次講爸媽都說沒有，但我還是很不滿啊！臨場只好用生氣來表達。

心理學家 Purcell 跟 Murphy 認爲，生氣是可以分類的，其中就隱含了生氣的原因：

(1) 隱藏的生氣（Masked anger）

有些孩子明明在生氣，但卻不承認，他們擔心生氣之後，反而會惹怒大人，因爲他們相信或從小被教育生氣是不好的、沒用的，所以會想要隱藏自己的生氣來取悅他人。在孩子心裡的確產生了生氣這個情緒，他們會很隱諱的表現出來或透過另一種形式，像是酸言酸語、被動攻擊等，例如孩子被要求做某些事的時候，會有點不悅、甚至自嘲的說：「我可以說不嗎？」

另外，有些孩子會因爲自己做不好某些事而生氣，或者因爲自己的生氣而生氣。所以，自尊心也是孩子在處理生氣時的一個重要因素，擁有健康自尊心的孩子，可以誠實且正面的處理自己的缺點或他人的侵犯，而自尊心較低落的孩子，要嘛不是繼續將生氣藏好藏滿，或者就是透過誇張的方式來表達生氣。

(2) 爆炸式的生氣（Explosive anger）

解決生氣的情緒，其實也是一種生理需求，當情緒發洩完之後，其實會感受到輕鬆，孩子要學習的，就是在適當的場合、用適當的方式表達生氣。舉個不太文雅的例子，就跟忍大便一樣，雖然忍大便很不舒服、解完大便很輕鬆，但我們依然要學習在有便意的時候，看看當下的場合，尋找適當的時機、適當的場所去解大便。

當孩子不想要去控制生氣、任由生氣的情緒亂竄時，就像火山爆發一樣。在生完氣，理智恢復之後，又覺得剛才這樣是不好的，開始自責。直到下次再遇到生氣的情境，一樣不知道該怎麼控制，而上次不當生氣的自責又會引發孩子的焦慮或罪惡感，更容易生氣……就這樣一直循環下去。

通常在較爲敏感、較爲防備的孩子身上，容易陷入「先下手爲強」的爆炸式生氣，也因爲通常會收到效果，例如生氣之後別人就不敢惹你而解除了焦慮（當然也不太可能跟你當朋友）、藉此而逃避責任（就算被罵，至少轉移了焦點）、得到自己想要的（大人妥協），讓孩子重複這種不適當的生氣模式。

(3) 慢性生氣（Chronic anger）

有些孩子是一天到晚都處在一個中低強度的生氣情緒裡，好像看什麼都不順眼、對什麼都不滿意，或者因爲某件事而記仇。

不管任何情緒，只要當下沒有被處理好，它就會像重金屬一樣累積在體內，是一種慢性中毒，也就是爲什麼生氣的情緒這麼難被處理，一來是原因可能有很多，二來是當孩子的問題被我們發現時，已經積重難返。

當然，孩子也有可能是對自己不滿意，將這些情緒發洩到別人身上。很難想像吧？我遇過許多不想讀書的孩子，許多問我「老師，讀這些書有什麼用？很廢！爸媽一直叫我讀書，他們也很廢！」的孩子，其實很在意自己讀不好書。

那爲什麼不好好讀書呢？可能是落後太多了、要追回來很難；可能是太不保險了，如果我認眞讀了，成績依然不好，那我不就沒理由可講了嗎？可能是自己或家長設定的標準太高了。做不到，乾脆就說我不想做或生一場氣再說。

三、臨床症狀

在此依然不想列診斷準則，且再提醒家長一次，聽大家說不如聽專家說。如果你不信任某專家，在醫療資源如此易取得的台灣，你可以再請教第二、第三個專家。

的確有些孩子的大腦功能不彰，需要透過藥物輔助，不過醫師不會倉促草率的下診斷。在此，我也需要同理一下家長，有些家長的就醫經驗可能不好，認爲醫師太快下診斷或給予太少的替代選項。

有可能是醫師經驗豐富，很快就判斷出孩子的狀況，或者醫院的其他資源不足，只能提供藥物治療。

如果您有疑問，可以詢問醫師或心理師，如果真的感受不好，那我也不好意思只幫自己人說話，您就換個醫師看看吧，有時是人跟人之間互動的問題，畢竟醫師也是人，也有自己的說話風格，也就是雙方溝通型態不同的問題，跟某醫師合不來，可以試試其他人。

☑愛唱反調，也能同調

有些偏差行爲，在一開始會引起家長的同情甚至憐憫，例如哭泣或憂鬱，但生氣的情緒，會讓大多數大人產生反感。或許對家長來說，孩子的生氣與反抗，會讓家長感到挫折，甚至有時候家長的反應，在我看來也只是一個年紀比較大的小孩，跟一個年紀比較小的小孩在互相生氣而已。

教養從來就不是一個下了指令，孩子就會自動完成的過程。下一個好的指令，能增加孩子完成目標的機會，但執行的過程，家長也必須時刻參與。除了目標、任務之外，教養也是一個親子相處的過程，必須建立在良好的親子關係上，我常跟家長說，目前的狀況，最糟也就是這樣了，如果親子關係改善了，孩子的狀況會越來越好。

前提是家長必須克服在自己的情緒，以及度過孩子情況起起伏伏的不穩定期。

說到這裡，很多家長都會反應：「哼，老師，我也知道啊！那我就什麼都不要管他、什麼都順著他，我們的親子關係就會變好啦！」

所以我必須再強調一次，改善親子關係不是溺愛，了解孩子的狀況，並不代表我們就認同了他的行爲，而是引導孩子把內心眞正的想法說出來。

要改善情緒互動，從第一個反應開始：當孩子生氣的時候，我們先冷靜觀察，先不說話。

如果一本書裡面，有一到兩個觀念可以影響讀者就算成功的話，我最希望你學會這一點「多看、多聽、多想、先不說話」。

我知道我必須先幫助你，你再去幫助孩子，所以想請你先分析自己過往的經驗，遇到孩子生氣的時候，你怎麼看待孩子生氣這件事？

我們對於孩子有很多「期待」或「應該」的想法，他應該要控制情緒、他應該要認眞向上、遇到困難應該要主動求助、努力克服。但是在孩子生氣的時候，很少人想知道「他爲什麼會這樣」？大多數人都在說，他應該要怎樣怎樣。

這也是大部分孩子不想要說眞話的原因，反正說了眞話之後，大人還是會跳針的說一些應該的規則

我們來思考看看這個例子：小宇的筆芯盒被同學搶走了，他出手打了人。

NG但常見的想法是：你不可以打人，即使對方搶了你的東西，打人就是不

對！幹嘛這麼小氣，筆芯盒再買就有，送他啦！

我們換個場景，如果今天是你的 iPhone 被搶走，你的心情會如何？（在思考孩子的問題時，請依照孩子的認知功能以及所有的資源來思考，或許孩子珍視文具的感覺，會跟我們珍視手機或名牌包的感覺一樣）。

孩子在生氣時，家長通常不會在第一現場，有時可能是聽學校或安親班老師轉述，此時，請冷靜的觀察一下孩子的情緒，是忿忿不平還是有些得意，或者在觀察大人的反應？

如果觀察到了孩子的情緒，請先反應給孩子，例如，「我覺得你講到這件事的時候，眞的很生氣耶！」如果觀察不到，也可以直接問「當筆芯盒被搶走時，你的感覺怎麼樣呀？」

臨床上，家長最常反應的問題是：「問了，但孩子不講！」冰凍三尺非一日之寒啊！如果孩子在過去的經驗中學到，反正說了也沒用，只會被罵得更慘，或者被說狡辯，那誰還要講啊？不如趕快認錯，可以早點脫身。

於是我看到許多孩子，認起錯來，簡直是個專業的反應，還可以說出一長串的大道理，自己不該如何如何，眞是對不起老師跟爸媽，但可以感覺到孩子敷衍的態度。或者，有些孩子積怨已久的，就是打死不肯認錯，與爸媽或老師僵在現場，最後不是被痛罵或痛打一頓，就是大人另有要事在忙，不了了之。

觀察與詢問孩子的原因，是爲了要了解當下實際發生了什麼事，我們了解得越清楚，越能幫助孩子判別哪個時間點，可以做什麼處理或努力。這些細部的處理跟努力正是孩子需要的，他們雖然知道大目標「不要生氣」，但是根本不知道該怎麼執行，甚至不知道有些氣根本就是可以避免的，雖然他們也不喜歡生氣，但是事到臨頭，又只有生氣一途。

如果您開始慢慢練習在孩子生氣時，先穩定自己的情緒，冷靜觀察，我在跟你分享一些招數：

一、給孩子一個安全的生氣空間

孩子通常會在感受到威脅、否定或需求不被滿足時而生氣，此時，如果我們繼續否定他的生氣，等於是否定他生氣的原因，那他就會更生氣了。別說孩子了，如果我們因爲肚子餓，而出現一些煩躁的情緒，旁邊的人卻說：「現在才幾點啊！你怎麼又餓了？」「一個肚子餓就可以讓你煩躁啊？你也太沒用了吧！」我們會有什麼反應呢？

當孩子生氣的時候，如果我們可以推測出原因而回饋給他，孩子的氣會先緩和一些，畢竟他被了解了，生氣有人承接了，如果觀察不出來或問不出來，必須先告訴孩子，我們會在這裡，等他冷靜下來，如果他不需要我們在這裡，可以先到旁邊或到房間冷靜之後，我們再談。

請注意，這不是不歡而散，不是撂下一句「你自己好好想一想」就甩門出去，而是讓孩子知道，爸媽一直都會在，我可以好好的生氣。

對，好好的生氣，順便問一下各位大人，你多久沒有好好的生氣了？

處理生氣對我來說，就是挺身承接孩子的情緒風暴，然後溫和的反應回去。不過我的底限是，如果孩子的要求，我覺得不合理，我不會答應，先給孩子碰一個軟釘子。

我知道這跟我們過去所經歷到的教養經驗很不一樣，家長通常會有一些情緒反應的，但是嚴格不等於嚴厲，也不等於大呼小叫或肢體衝突，如果你的嚴厲會引發孩子更多的情緒，那你只是在強逼他低頭而已，現在沒有幾個孩子可以讓你這樣逼了。

請放心，我們還是要堅持自己的原則，只是態度可以溫和一些。

二、好好的生氣

生氣一定有原因，所以在孩子氣消了之後，才是我們進一步了解孩子的開始，建議爸媽在孩子生氣後的半天或一天內，找個時間跟孩子討論，如果間隔時間長了，孩子可能忘了這件事，或者討論的興趣也沒了。

再次提醒，這是討論，不是要求、不是責備。

「我發現上午講到××的時候，你很生氣耶，怎麼了？」

「我發現剛才要你寫數學作業的時候，你好像寫得有點煩，怎麼了？」

「老師跟我說，今天你跟同學吵架了，發生什麼事了嗎？」

接下來，不管孩子說了什麼，請認眞仔細的聽完，進到下一步討論。

三、討論生氣的流程

在我的經驗中，孩子生氣的原因通常有：

被誤會

被嘲笑

被捉弄

東西被拿走

被要求做不喜歡的事（寫功課與做家事是大宗）

自己的行爲被制止

在討論的過程中，我們必須幫孩子整理出來，引發他生氣的原因是什麼，不厭其煩的提醒你，在這個階段，請不要指責他，例如因爲功課太多而生氣，的確是孩子不對，但我們要討論的是他爲什麼這麼生氣，以及要怎麼幫助他。

接下來，請孩子說說他在這個前提之下，他的目標是什麼，請注意，先把目標講出來，再看看可以實現多少，我們不一定要同意孩子的想法與要求，但是必須讓他把思考內容完整的講出來，如果說孩子沒有辦法說的完整，我們可以猜猜看，或者提供一些選項給他，反正猜錯了，再猜就好。

最後，把這些內容整理成：我很生氣，因爲＿＿＿＿＿＿＿＿的表格我很生氣，因為卡通還沒播完，媽媽就叫我去寫功課。
我很生氣，因為同學一直說我很笨。
我很生氣，因為寫國語生字很多、很累，我都寫不完。
我很生氣，因為爸媽都不聽我說話。
我很生氣，因為＿＿＿＿＿＿＿＿。
我很生氣，因為＿＿＿＿＿＿＿＿。
我很生氣，因為＿＿＿＿＿＿＿＿。
我很生氣，因為＿＿＿＿＿＿＿＿。
我很生氣，因為＿＿＿＿＿＿＿＿。

四、討論如何才能達到目標

在聽完孩子生氣的理由之後，我們可能會有點不屑「這有什麼好生氣的。」

「這哪是什麼問題？覺得國語太多，認眞寫就可以寫完啦！」基本上，孩子就是無法循這種「正途」來解決問題、處理挫折、獲得自己想要的，才需要透過生氣來表達嘛！此時，我們要告訴孩子的是「我知道了，但是生氣也沒辦法達成你眞正的要求呀！我們一起來討論可以怎麼辦？」

是的，討論，即使最後的結論是沒辦法，但爸媽跟孩子討論的過程，會讓孩子感覺到大人是願意說我講話的、大人是願意幫我的。我跟孩子討論的過程當中，眞的遇到一些我幫不上忙的地方，例如老師很嚴格、同學有敵意等，但在經過討論後，孩子也願意自發性的再試試或再忍忍，而不是被強迫。

爲了強化孩子「好好處理生氣」的行爲，我們可以再多討論一些生氣帶來的好處與壞處。

我的行為	好處	壞處
同學嘲笑我，我打回去。	同學再也不敢惹我。	大家都覺得我愛生氣，不想跟我當朋友。
爸媽叫我寫功課，我生氣大叫。	一直吵到晚上，我當天可以不用寫功課。	明天會被老師罵，而且累積了更多功課。
功課很難，我煩躁大叫。	叫完之後很舒服。	會被爸媽罵，而且叫完之後還是寫不出來。

我的行為	好處	壞處

這些好處跟壞處孩子都知道，但是這個表格不能夠一開始就拿出來，因爲孩子在情感上還不能接受，所以，讓孩子在安全的發洩完情緒，知道爸媽眞正願意聽我講話之後，確認爸媽是眞的爲我好之後，孩子的動力會升高。

「爸媽是爲你好」不是一句口號，也不是爸媽的自我感覺良好，而是在了解之後做出的行動，才能夠做到孩子的心裡。

接下來，我們可以開始與孩子討論要做些什麼，我常用的有以下幾點：

(1) 真正表達自己的難處

有些孩子在學習上的確是有困難的，對於課程內容其實也沒辦法完全了解，所以，完整表達在學習上需要什麼幫助，對孩子來說是很重要的。

在其他領域也是如此，例如人際困難，孩子必須學習如何陳述自己所遇到的情況，像是在什麼情境裡面，別人對自己做了什麼、自己眞正想要做的是什麼。

(2) 眞正表達自己的情緒

認眞的、適當的表達出「我在生氣」，以及說出原因，是很重要的，甚至我覺得有些大人也應該要練習。大多數情況下，我們是因爲「事情」而生氣，但因爲每次都沒有好好處理，而把情緒渲染到「人」身上。這也是爲什麼家長有時看到孩子就會忍不住，因爲看到孩子，想到的都是不寫功課、偏差行爲。反之，孩子看到大人，也可能因爲這樣而無法控制。

(3) 協商與行動

在引導孩子的行爲時，適度的讓步是重要的。

我知道，你可能會擔心孩子得寸進尺，所以我把這一點寫在最後面，因爲孩子在經過這一連串的討論之後，會惡意逃避責任、惡意傷害大人的機會應該也減少了。

如果問題是可以透過討論，找到更好的方法，孩子不必生氣；如果問題是無解的，我們可以引導孩子說出需求之後，給予一點點福利或讓步，例如孩子覺得功課太多，而你也認爲孩子不太可能在時間內寫完，可以與孩子討論，向老師溝通，讓功課分段完成，把寫不完的部分移到假日，但如此，孩子就必須犧牲一部分假日時間喔！把選項列出來，請孩子衡量之後再做決定。

(4) 認真執行，言出必行

教養沒有辦法外包，即使找了好的醫師、心理師、學校老師、安親班老師，家長在家依然必須維持一定的規範，以及情緒的穩定。每個孩子的情況不同、能力與資源不同，但是可以透過了解，好好溝通，好好相信大人是愛我的。

心理師想跟你說

收服生氣小惡魔

為什麼這麼氣？

衝動控制不佳，
腦管不住嘴跟手。

背後有說不出
口的原因。

情緒困擾、
臨床症狀。

家長可以怎麼做

深～呼～吸，
不管想幹嘛，
都先等一等。

情緒先降溫，
才好談事情。

聆聽需求、
溝通協商。

張開雙手，承接孩子的情緒風暴，
小惡魔原來很可愛的。

| 第六章 |

孩子愛哭不奇怪

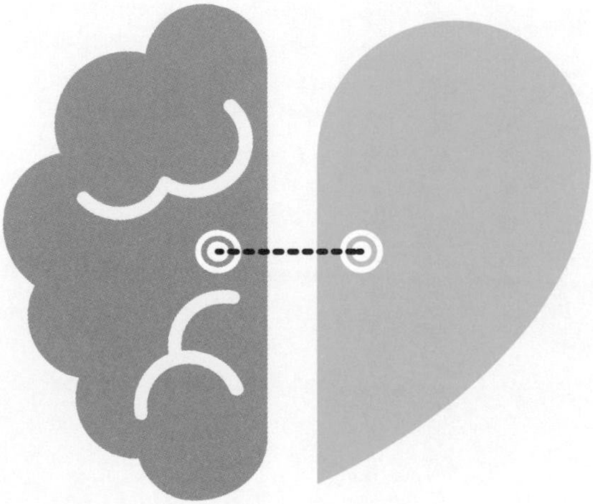

☑ 有什麼好哭的？

呈呈的媽媽有些懷疑，呈呈眼淚的水龍頭是不是壞了？

「呈呈，快一點，上課要遲到囉！」

「呈呈，今天大隊接力比賽，你們班表現怎麼樣啊？」

心理師，我跟你說，我們家孩子不管什麼情況，只要一說他，不不不，有時候我根本也沒在說他，只是跟他講話，他就只有一種反應，哭！有時候是眼淚在眼眶裡打轉，有時候是眞的哭出聲，眞是的，男生怎麼這麼愛哭啊！

在旁邊的呈呈，聽到媽媽這樣說，好像也快哭了……

遇到問題就去解決啊！哭什麼哭！

在每一章的一開始，我都在強調同一個觀念，孩子不是你叫他怎樣，他就可以怎樣的！或許有些家長會跟我說，他也很想知道孩子在哭些什麼，但孩子就是不說啊！

的確，因爲在這時候家長的反應，孩子這端接受到的訊息就是「不可以哭！」

不知道你有沒有類似的經驗，有時在公司受了氣，回家想跟另一半抱怨一下，卻得到這樣的反應「我不懂你爲什麼要反應這麼大耶！」、「這件事明明就是你錯啊！」

臨床上我也常聽到這樣的話：「好了啦，別哭了！」、「你跟爸媽說到底怎麼了啊！快說啊！」面對這種情境，最好是孩子說得出來啦！

所以，如何讓孩子願意告訴你，到底發生了什麼事，就在於事發之後，我們第一時間的反應爲何。

雖然我常爲孩子說話，但不代表我是非不分，很多孩子的確做了錯事，或者某些行爲，例如暴力或哭泣，的確超出了該有的範圍，這我也知道。不過，在一開始，我們不需要先把是非搬出來，因爲我們要幫助孩子。

☑ 眼淚代表的意義

其實在治療室裡，哭泣頻率最多的，反而是大人啊！而且多數大人在哭完之後，通常會趕快找衛生紙，有點尷尬的說：「不好意思，我失態了。」老實跟你說，在我還是菜鳥心理師的時候，面對個案的哭泣，有時我也是手足無措，只能故作鎮定的，但我們一直被教育一個準則：「不要遞衛生紙」，因爲這個動作有一個隱含的意思：你不要哭了。

我相信在遇到孩子哭泣的時候，家長除了不知所措，有時也可能是焦慮、甚至生氣的，請你跟我一起故作鎮定，試著了解孩子可能哭泣的原因。

一、害怕

我知道在你心中可能浮現出「有什麼好怕的？」這句話，孩子可能會對於一些未知的事物、過去嘗試但失敗的事物而感到害怕，或者是常見的怕高、怕鬼、怕黑、怕獨處等等，每個人都會有自己的罩門，或許我們大人也有，只是大人可能比較會忍耐，或者大人的自主性比較高，可以主動避免一些害怕的東西，就像一個笑話裡講的「大人不挑食，因爲大人都買自己喜歡吃的」。

所以，請試著發現，孩子害怕些什麼。

二、高敏感

如果孩子可能會因爲較大的聲音、一點驚嚇有很大的反應，可能是孩子對於外界刺激的敏感度較高。也就是說，一點點刺激，孩子都有可能接收到，並且做

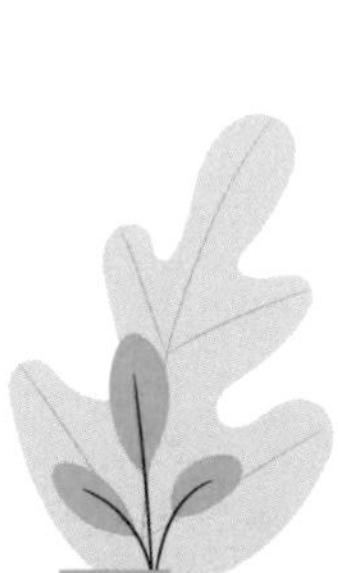

出很大的反應。如果你往好處想，它也可以被描述爲「多愁善感」。

在心理學提到人格的五大特質時，神經質（Neuroticism）是其中之一，請不要把他跟「神經病」聯想在一起，其實它代表的是容易被影響、容易緊張、容易覺察環境中的危險（例如大人正在不高興），因而對此感到焦慮或心情低落，易被驚嚇或容易哭泣。

這是孩子天生的氣質，就像很多孩子天生就膽子大，並沒有好壞之分。

如果充分掌握高敏感、妥善運用，也是有優點的，例如心理師這個行業，敏感度就必須要高，當然了，這是可以透過後天訓練而來，但如果本身是個高敏感的人，在學到後續的掌握方法之後，可以更快、更準確的理解他人，這點可說是天賦。

三、挫折忍受力低

一般提到挫折，可能會想到困難或失敗，但在心理學的定義上，挫折的範圍就很廣了，例如面對新事物的焦慮、事情的發展不如預期、個人的理想無法被滿足、內在動機的衝突，都是一種挫折。

說白話一點，可以整理成以下的表格：

挫折類型	案例
面對新事物的焦慮	• 到新的學校。 • 交新朋友。 • 升上高年級後的功課。 • 自助旅行。

事情的發展不如預期	• 要去吃的餐廳今天休息。 • 說好要去買文具，媽媽卻說今天在忙，改天去。 • 告白失敗。
個人的理想無法被滿足	• 考試成績不理想。 • 畫畫怎樣都畫不好。 • 考不上理想的學校。
內在動機的衝突	• 假期想要去出門玩，又想要在家玩電腦。 • 想跟同學玩，但又怕玩輸。

挫折忍受力低的孩子，在遇到挫折時，無法採取行動去處理這些挫折，以及無法處理因為挫折而帶來的負向情緒，所以大多用哭泣或退縮來表達，而有些孩子正好相反，會像前文所說，用憤怒、攻擊來發洩。

在談到挫折忍受力時，我總覺得「忍受」這個詞不能代表全部，畢竟大部分挫折是可以處理的，我認爲用「挫折處理力」會比較好些，眞正去處理挫折，以及處理挫折帶來的情緒。因此，哭泣其實也是處理挫折情緒的方法之一喔！只是我們在後續要帶領孩子練習用其他方式來處理，或者即使要用哭泣，強度也可以降低一些。

四、負向的自我歸因

「都是我的錯。」

「歸因」就是爲事情的發生找出原因，如果孩子總是把遇到挫折的原因推到自己頭上，自然會產生很多負向情緒而哭泣。這樣講不是要幫孩子卸責，而是孩子這樣的負向歸因是沒有建設性的，因爲他們歸因完之後，開始自責、哭泣，就沒有下一步了。

這也是現今教養遇到的困境：我們總是能很快的指出孩子哪裡做不好、哪裡要改善，卻缺乏耐心與時間去聽孩子犯錯的原因，以及帶著孩子一起練習。

只能說，這是我們這一代父母所遇到的歷史共業了，可惜隨著時代進步，什麼都可以越來越快，但情感的培養、情緒的調節、技能的訓練都是需要時間與陪伴的。

心理學家 Beck 認爲，情緒容易低落的人，在思考上有一個特質，叫

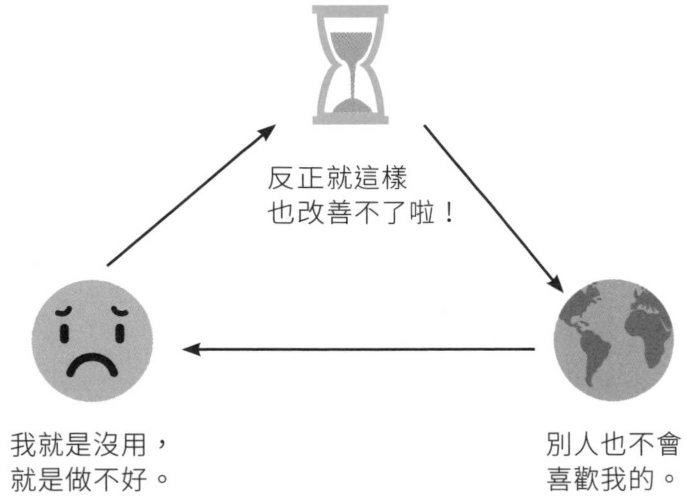

做「負向的認知三角」，就是對自己感到負面、對世界感到負面、對未來感到負面。這樣的特質，在一般人身上也會出現，所以請家長先不要因爲孩子出現了負面的想法而感到緊張。

當然，這樣的思考方式是扭曲的，但我們必須引導與整理出孩子明確的思考內容，才能夠帶著他們去改變。

五、臨床症狀

有部分孩子的確有情緒調控的困難，或者眞的有很明顯的情緒低落，但是否達到診斷標準，仍需醫師現場判斷。

提醒你，面對高敏感的孩子，有些家長會擔心說話傷害到孩子而字字謹愼，或者有家長反其道而行，認爲給予壓力才能成長，如此，過與不及都不好。在診間與醫師溝通時，請盡量以陳述的語氣爲主，讓孩子也能感受到，家長不是在罵他、不是覺得他不好、也不是覺得他有病，而是眞的要幫助他。

☑眼淚擦擦，我聽你說

有一個個案的妹妹，令我印象深刻。

我在做完治療之後，會留給家長十到十五分鐘的會談時間，個案念大班的妹妹也喜歡跟在媽媽身邊聽，但畢竟我們說的都是她聽不懂的事，因此她感到無聊，動來動去，無意間打翻了我的不銹鋼水杯，噹的一聲，水流了滿地。

「怎麼啦！」我和善的問（眞的，我發誓我很和善）。

「哇～～～～～」妹妹開始嚎啕大哭，眞的，不誇張，嚎啕大哭。對了，補充一下，妹妹已經來過很多次了，也很喜歡跟我玩，所以應該不是面對全新環境的焦處（我腦中開始出現，如果她在家中犯錯，會被如何如何的小劇場）。

「我們一起把地上的水擦乾淨吧！」但妹妹還是不理我。

過了一會，我去拿了兩條抹布。

「你要紅色的還是藍色的？」妹妹怯生生的選了紅色，跟我一起擦地板。

但過程中，只要我提到「剛才……」，她還是不講話。

接下來，我們來談談如何讓孩子眼淚擦擦。

一、穩定的大人

如果你想承接孩子的情緒，要先確定自己可以接好，而且不會搞砸。我常建議某些家長，如果教養當下，你正處在自己的情緒中，諸如工作壓力、帳單壓力、夫妻吵架等，請您先找個適當的理由與藉口先退場，先不要處理，或者請另一半先接手或請孩子等你一下。

不處理會怎麼樣嗎？跟你說，我在學心理治療的第一課，就是在教我們「不要亂講話」，有時候，寧可不作爲，也不要搞砸。

再說了，有些大人在言談之間，也會充滿著負面的想法與評價，別以爲孩子都聽不懂，他們知道的可多了呢！爸媽在談到誰家的哥哥姐姐如何如何時，有什麼反應、當我說到班上同學如何如何時，有什麼反應，他們都在默默的觀察，尤其是高敏感的孩子。

我曾遇過一個學生，重考大學三次，還考不上國立大學，在晤談中，家長也表示在孩子考試失利時，沒有跟孩子說什麼重話，也沒給壓力。後來，孩子跟我說，在高中的時候，爸爸在聊天時常講「國立大學啊，考上台清交的是一等人、中字輩的是二等人，剩下的學校，別以爲是國立，根本就不入流。」

「原來我在我爸心中，是個不入流的學生。」我永遠記得他說那句話時，沮喪的表情。

所以，各位家長，請認眞的練習正向的來處理自己遇到的挫折，正向的溝通自己的負向情緒，孩子們都在學呢！

二、提供一個安全的環境

在孩子哭泣的時候，不管如何，先讓他好好的哭完，我們在旁邊陪伴即可。

「數到三，不要哭了」這個話術請不要再使用了，即使是大人，就算數到三百也不見得可以停止哭泣，更別說孩子還要一邊哽咽一邊認錯了。

提供孩子一個安全的哭泣環境，讓他把情緒發洩完是重要的，畢竟孩子目前正在哭泣，家長的理解（即使無法理解，至少讓他哭完），也是增加孩子安全感與信任感的一個好方法。

至於太晚了、會吵到鄰居……這個，就再去跟鄰居道歉吧！是你孩子重要還是鄰居重要？順便跟大家分享一個小技巧，有家長告訴我，如果孩子哭或生氣，他會帶著孩子一起到車上，讓他先大哭大叫完，既可以陪伴，車上的隔音也還不錯，不會吵到其他人。

三、澄清孩子的挫折來源

與處理生氣時一樣，當孩子情緒強度下降，但對於哭泣的事情仍然記憶猶新時，慢慢與孩子討論當時的情緒以及原因。

對於國小或較年幼的孩子，使用表格或許較沉悶，您可以用圖示來表達，如果孩子無法很明確的表達，也可以僅用顏色或抽象的圖案來表示情緒。

四、整理孩子的負面想法與影響

澄清了挫折與孩子的負面想法之後，我們必須讓孩子知道，我們要孩子改變的原因，不是他不好，而是這個行為對他有不好的影響。

我是不是很笨
爸媽會不會很失望
我以後都會考不好

我們可以整理出以下的表格：

事情	讓我哭泣的想法	對我的影響
考試考得不好	• 我是不是很笨。 • 爸媽會不會很失望。 • 我以後都會考不好。	• 以後遇到考試會很害怕。 • 可能下次也會考不好。
小庭不理我	• 我會不會沒有朋友。	• 之後更不敢跟小庭說話。 • 擔心其他人也不喜歡我，也不敢主動跟別人說話。

在整理負面想法的時候，請記得，先避免反駁孩子所遇到的情境與出現的想法，因爲這是眞實發生在孩子的腦海中的，如果這麼好改，孩子早就自己改了。我們需要做的，就是認眞的把這些話聽完，並與孩子討論未來可能的影響。

五、協助孩子找尋正向的證據

是啊，孩子的確搞砸了，或事情真的不如孩子所預期，但是，真的沒有辦法補救嗎？協助孩子看到自己的優點或找到事物的著力點，才可以協助孩子改變。

孩子的負向想法並不是錯的，只是太偏頗、太絕對了，要不然，世界上誰沒搞砸過事情呢？在尋找正向證據的這一點，我們必須與孩子討論，有沒有成功的經驗？或者你持有這樣的想法，那別人是怎麼想的呢？

事情	讓我哭泣的想法	正向的證據
考試考得不好	• 我是不是很笨。 • 爸媽會不會很失望。	• 我也有努力過，然後進步的時候。 • 爸媽並沒有責備我。

小庭不理我	• 我會不會沒有朋友。	• 小庭昨天還有跟我說話。 • 小名今天下課也找我一起去踢球。

此時，我們可以透過尋找正向證據，提醒孩子，世界並沒有他想得這麼糟。這件事並不是我們要他這樣想，孩子就可以這樣想的，不過孩子可以在發現正向證據之後，給自己的負向情緒一個緩衝的空間：「其實我也曾經做到過啊！」、「我也可以做完的！」、「我可以再試試看！」

六、系統減敏感法

一言以蔽之，就是「逐步練習」。

在此澄清一些家長的擔心：「這孩子挫折忍受力這麼差，以後上大學／出社會／工作怎麼辦？」、「老師你這樣不行，這孩子就是要給些壓力才行。」

處理情緒的能力與抗壓性是無法自己長出來的，需要練習、犯錯、再重複練習的空間，一次給予強度太高的訓練，只會把孩子壓垮，或者經過一再的挫折，讓孩子更堅定的相信「對，我眞的很爛、我眞的做不到」。

這也是挑戰家長價値觀的一項，因爲過去我們的成長經驗中，是非常強調高壓與自律的，甚至只要肯努力，沒有做不到的事，而流傳更久的「因材施教」這句話，反而變成一個大家都聽過，但都沒有眞正做到的口號。

所以，當我面對孩子，說他哪裡做不好的時候，就是眞的再針對事情。舉個例子，如果考試眞的是爲了檢測孩子哪裡會、哪裡不會，我們何必這麼在意考試成績？就算這孩子全部都不會，陪他一起學完不就是了？

因此，「我可以怎麼幫你？」是我常跟孩子說的一句話，當然，初見面的孩

子，大多數會說「那你幫我去跟老師說，功課少一點」、「你幫我寫功課」、「你叫我同學來跟我玩」，我通常會搖頭苦笑說，我沒有辦法，但我真的很想幫你，有其他方法嗎？

面對孩子害怕的事物、覺得困難的事物，我們都可以跟孩子制定一套逐步改善的方法，並且要定期檢討、調整目標。孩子不可能解決完所有的事情，不可能完全不害怕什麼，但孩子會知道，有人陪著我，我也發現自己慢慢變好了。

心理師想跟你說

眼淚是珍珠

有什麼好哭？

孩子天生
高敏感氣質。

遇到令人
恐懼的事。

挫折忍受低，
易負向歸因。

家長可以怎麼做

大人先穩定
再穩住孩子。

澄清挫折來源，
找出挫折想法。

逐步克服困難，
尋找正向證據。

孩子能在你面前哭，才是真正安心與信任的表現喔！

| 第七章 |

孩子交不到朋友不奇怪

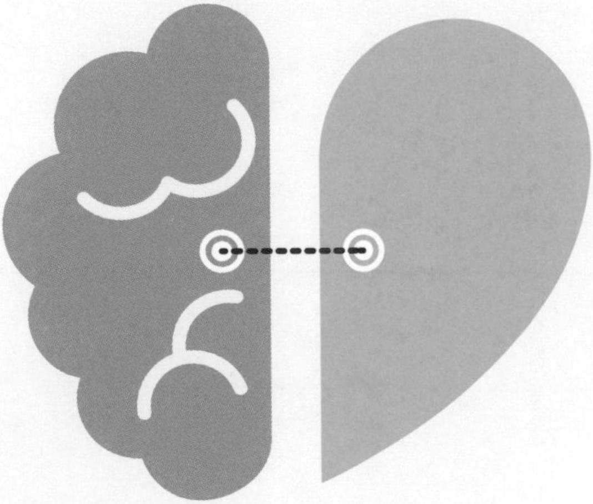

為什麼不跟我玩？

你有幾個朋友？

「李老師，我跟你說喔！全班都是我的好朋友！」

「下課的時候都沒人跟我玩。」

「7號跟9號是我的好朋友，但是15號每次看到我就會哼一聲然後走開，不知道爲什麼，而且他都會叫7號跟9號不要跟我玩。」

每當我第一次見到孩子，噢，應該說是學生，從幼稚園到大學，不管是什麼問題來的，都一定會問：「你有沒有好朋友？」因爲友誼對我們來說，眞的非常重要，甚至有心理學家認爲，絕大部分的心理困擾都是從人際而來的，而當中與朋友之間的互動就是大宗，而本書所提到孩子的問題，也有可能來自於人際。

所以，我會先問問孩子的人際狀況，看孩子怎麼描述他跟朋友之間的互動，或者在人際當中遇到什麼挫折，以及如何處理這些挫折。不得不說，執業這幾年來，虛擬世界的人際互動（例如社群軟體、交友軟體、手機遊戲）所占的比例越來越多，孩子在當中感到困擾與受到傷害的比例也提高，而在現實生活的人際互動，型態也越來越多元（不過，不變的是，小學生還是很喜歡用號碼來稱呼同學）。

我非常建議家長參與孩子們的社交活動，越早參與越好，不然，等到中學之後，孩子對於爸媽的加入可能會感到非常奇怪、排斥，甚至感到丟臉，再說了，別以爲孩子的社交活動是想加入就可以加入的，即使我們有心，剛開始也會很不適應。

拜我的職業所賜，我必須知道時下最流行的卡通、動漫、手機遊戲、電腦遊戲、社群軟體，而且不管是男生女生喜歡的，我都要知道，不僅要知道，還要會玩，年齡層橫跨幼稚園到大學。你說我哪有這麼多時間？告訴你，嘴巴是很好用的東西，不會的，就問孩子，他們可厲害了！有他們教我，沒幾下就學會了。

每次孩子跟我玩遊戲的反應就是「老師，你眞的很爛，但是我很喜歡跟你玩」。

身爲一個大人，我們不可能從一開始就懂孩子的世界，即使我們自己也是從孩子變來的，但我們之間相隔了幾十年，這個世界早已改頭換面，不過別擔心，只要我們夠友善、夠積極，孩子會願意讓我們了解的！

那麼，心理學家怎麼看待友誼的呢？早在一九四八年，美國雪城大學的 Austin 與 Thompson 教授就做過這麼一個研究，他們訪問了一群六年級的學生，請他們寫下在班上最好的、次好的與第三好的朋友，然後說明跟他們要好的原因，歸類結果主要有三項：常聯絡或有相同興趣、個人特質（包括友善、笑口常開、易合作）、外在特徵或智力（翻譯一下，就是長相順眼的，跟聰明的）。

雖然這已經是七十幾年前的老研究了，不過，這三個因素在後續的研究中，以及在我的臨床經驗裡，的確會影響孩子的人際關係。然而，除了這些因素之外，也還有許多的影響因子：

一、興趣不同

從遊戲、卡通、明星、運動等等，興趣是非常容易聚集朋友的一個特質，雖然說只是一開始，但的確能夠讓孩子遇到更多朋友，而從中能夠發展出好品質友誼的機會也就越高。

倒也不是說大家在流行什麼，孩子就得跟風，如果沒有，就會被排擠，但孩子的社會裡多少還是會求同排異，只是程度上的差別而已，所以，如果家長本身的資源足夠，孩子也有興趣，可以讓孩子也嘗試看看。這也是目前無法完全禁止孩子使用 3C 產品的原因，因爲社群軟體或手機、電腦遊戲已經不再是遊戲了，而是具有社交功能的。

沒有共同的話題，雖然不是什麼大事，但是無法加入討論的感覺，有時還是會讓孩子覺得不舒服，減損孩子的自信。

二、智力

請別誤會，並不是說成績差就會沒朋友，而是有些孩子在互動或遊戲中反應比較慢、動作比較慢或表現比較差的，反正跟你一隊都會玩輸，或者講什麼你都接不上，自然會影響人際關係。

三、外表

許多孩子會因爲身體的特徵，被取綽號或嘲笑，這個現象也是從以前橫跨到現在的，或許家長本身在成長過程中也曾經驗到，而且，現今的孩子嘲笑別人的用詞眞是推陳出新，不僅種類多，笑起來也更毒、更狠。

不管對錯，這是自古至今都存在的現象，我們能夠著力的，就是至少讓孩子維持服儀的整齊與清潔，還有良好的衛生習慣，不然可能又多一個不被喜歡的理由了。

四、衝動控制

如果你在遊戲當中常搶答、常放槍、不照你的規則就不玩、輸了就生氣，還動手動腳，誰想要跟你玩啊？

五、情緒起伏大

不只如第三點所說的容易生氣，舉凡玩得太嗨、愛哭（玻璃心）等等，都可能造成朋友的困擾，而避免與孩子接觸。

六、社交技巧不佳

有一次，我的個案小君，在學校被指控打人，從背後狠狠的打了同學一掌。後來，小君有點不好意思地跟我說，其實他只是想學電視上「Hey! Man!」的打招呼方式，結果忽略了自己孔武有力，差點把對方打飛。

好心變壞事，是社交技巧不佳的最佳寫照。孩子明明很想交朋友，也很主動，結果都是衝突或被排擠收場。

七、同學刻意排擠

沒錯，有時候討厭一個人不需要理由，有些人就是想欺負別人。什麼？心理師，你不是說在你的經驗裡，會刻意傷害別人的孩子非常少數嗎？是啊，在我的經驗中，霸凌者本身也是很有狀況的，我們也不該用「奇怪的孩子」這種角度來看他。只能說身爲治療者，我很努力的不給霸凌者貼標籤，試著理解他。

但是，如果是我們自己家的孩子遇到這種狀況，我想家長跟孩子本身都不太好受，加上我們與對方非親非故，是否能眞的這麼有大愛，去理性的了解對方，這就很難說了。只能說，如果我們多方檢討，發現原因不是出在我們孩子的身上，那我們就必須保護孩子或教導孩子保護自己了。

八、臨床症狀

最後，有些孩子在人際上遇到的困難是跟生理因素有關，可能包含在社交上特別的固執，或者非常明顯缺乏社交技巧、難以改善的，在此依然不列出診斷名稱，避免大家對號入座，如果你的孩子造成了你與老師很大的困擾，且改善有限，請尋求專業協助。

☑交友大作戰

交朋友是一種共識，我想認識人、跟人好好相處，也得要對方有相同的意願才行，所以讓孩子具備足夠的社交知識與技能是重要的，我在社交技巧訓練中常採用或建議給家長的有以下幾點：

一、穩定情緒，聽孩子完整陳述社交困難

相信你一路看下來，也能猜到第一點我要說什麼了。面對孩子的困難時，情緒穩定的聽孩子還原現場，才能夠進一步分析背後的原因，以及與孩子討論後續的規劃。

在這個階段裡，我會詢問孩子的內容包括：情境、你做了或說了什麼、對方說了或做了什麼、其他人的反應，以及如果有大人介入，最後做了什麼處理。

當然，這只是孩子的一面之詞，我們還可以從老師或同儕的角度來了解事情。並不是我們不相信孩子，而是在事發當下，每個孩子都只能看到事情的片段，需要多方資訊才能眞正的拼湊出事發的場景。

由此我們可以初步判斷，孩子所受到的遭遇合不合理，我遇過的個案裡，有些在聽完他們敘述之後，內心眞的會響起「天啊，你被罵／被打／被排擠根本就是活該」。這並不是一個幸災樂禍的心態，而是要確認這孩子後續要改善的方向。

提醒各位家長，在確認好原因之後，請先別急著說教，例如「你就是這樣啊！難怪別人不跟你玩啊！」或「就說每次爸爸跟你說話的時候，都這麼沒禮

貌，難怪在學校也被同學討厭，你看，爸爸說的是對的吧！」

還原現場之後，我們可以進到第二步。

二、了解孩子對社交困難的看法

有些孩子對社交困難是完全不在乎的，即使他眞的被排擠了，但是沒有朋友，他也挺自在的，如果是這樣，我們先不用幫他操這個心，因爲他本身眞的不覺得有問題。好啦，我想這邊應該給個但書，如果孩子的社交情況是會造成他人身安全的威脅，即使孩子不在意，基於保護孩子的立場，大人也應介入。

一般情況下，孩子是當事人，理應對於自己的遭遇以及原因，有所感覺與推論才是，無論他的推論是否正確。我最怕聽到那種「不知道」的答案，因爲我人根本不在現場，你都不知道了，我怎麼知道？

當孩子陳述完社交困難時，我會先詢問「當下你的感覺怎麼樣」及「你覺得他們爲什麼要這樣做」，對於孩子來說，「病識感」是很重要的（借用一下這個名詞，請放心，我不是說孩子有病），也就是，是否能判斷出目前遇到的困境，是因爲自己做了什麼不當的事所造成，還是對方故意找麻煩，這會牽涉到孩子改變的動機，以及我們是否能夠順利的標識出需要改善的行爲。

在詢問「當下你的感覺怎麼樣」的時候，我常會問出一些跟自尊心、家庭，還有社會價值觀有關的答案，例如「我就是胖，所以才會被笑啊！」、「他們就是覺得我功課不好，才不跟我一組啊！」、「我玩狼人殺的時候很快就出局了，他們一定都在笑我笨。」

我們先前所討論的，想法上可能出現的扭曲，或者情緒調控上的困難，都有可能造成目前孩子社交上的阻礙，也就是孩子自己先設限了，在互動時綁手綁腳，別人自然不會給出什麼好回應。

如果你發現孩子的想法可能偏向負面，我們可以試試用前幾章看過的表格來引導孩子：

事情	我當下的感覺	正向的證據
玩狼人殺時出局。	他們一定都覺得我笨，都在笑我。	他們還是會一直找我玩。上次我也有撐到最後。
小樺在校外教學時，沒有選擇坐在我旁邊。	很難過，覺得他不喜歡我。	他今天有找我一起去操場玩。校外教學的時候，他還是有主動來找我。

有另外一種狀況是，孩子沒有意識到這個行爲是會被討厭的或亂歸類他人的行爲動機，則我們需要進入下一個練習。

三、同理心練習

當孩子可以試著從別人的角度來看事情，理解別人會有什麼感覺，以及別人爲什麼要這樣做，在社交上會比較受人歡迎。

心理學家 Jean Piaget 曾做過一個有名的「三山實驗」（Three mountains task），這是測量兒童在認知上是否已經擺脫自我中心的一項實驗，研究者先設計出一個高低、風景不同的三座山模型，讓兒童先充分觀察完三座山的各個角度與相互之間的關係，接著在兒童的對面擺上一個娃娃的模型，詢問兒童「娃娃看到的山景是什麼樣的」，他發現七歲以下兒童所描述的山景，都是從他自己的角度所看到的畫面，並不是娃娃的角度所看到的。

在同理心的練習裡，大腦需要有足夠的資源與彈性來處理「我所看到的／所想的」與「對方所看到的／所想的」之間的差異，或者即使不知道，也可以推敲

三山實驗

出對方的想法與感受。

另一個有名的實驗是莎莉與安妮測驗（Sally-Anne test），研究者會讓兒童看一系列的小卡，並作做以下的敘述：

莎莉與安妮在房間裡，莎莉將心愛的球放進自己籃子裡頭，並蓋起來之後，離開了房間；安妮此時偷偷將莎莉的球從籃子裡頭拿出來放進盒子裡頭後，也跟著離開房間；過了一會，莎莉回來了……

請問莎莉會去哪裡找球？

對，我們都看到了，安妮把球調換位置了，可是，孩子必須要知道莎莉不知道（這句話有點拗口），也就是莎莉不在房間裡，她應該不會知道球被換位置了才對。了解對方的感受，以及可以了解與接受對方跟我有不一樣的感受，才是具備同理心。

因此，在日常生活中，我們就必須進行同理心的練習，例如「當你說不照你的規則，就不想玩的時候，其他人會覺得如何呢？」、「當你大哭的時候，其他人會覺得如何呢？」

如果孩子很難繼續想下去，我們可以自己做示範：「如果是我，如果我的朋友說不照他的規則就不玩，我會覺得他很霸道，不太想聽他的，繼續玩下去也不好玩。」、「如果我的同學哭了，但不告訴我原因，我會覺得很緊張，也很擔心會不會是自己說錯了什麼話讓他難過，如果他一直不講，下次我可能不太想跟他說話，因爲擔心他可能動不動又哭了。」

有些孩子在推測他人的想法與情緒上有困難，那我們只好一個一個教了，可以從自身開始，也就是家長要練習表達「孩子的行為造成你出現哪些情緒或想法」，雖然我們不能代表全部的人，至少讓孩子意識到「原來爸爸／媽媽是這樣想的」。

四、練習傾聽與回應

我覺得，要孩子練習適當的社交技巧，可以從大人開始，示範給孩子看，因此，我們前幾章所提到的穩定自身情緒、引導孩子表達、整理孩子的想法與回饋，都是在做孩子的模範。

我們必須讓孩子知道，負向情緒是可以好好說的、問題也是可以好好說的、可以想辦法一起解決的。因此，如果孩子可以冷靜的聽朋友說話，知道朋友的需求，也可以跟朋友溝通自己的需求，人際關係會有很大的進步。

五、幫孩子交朋友

是的，如果我們無法理解孩子的社交困境，跳下去跟他們一起玩不就得了！或者很多遊戲我們無法加入的話，在旁觀察也不錯。在其中，我們可以觀察哪些人對我們的孩子比較友善、我們的孩子比較喜歡與哪些人互動。如果可以，在接送孩子上下學的時候，與對方或對方的家長多認識聊聊，或者可以幫忙製造課後一起活動的機會。

我稱這個方法為「擺暗樁」或「尋找小天使」，小天使可以幫很多忙的，除了多一個人的視角，可以幫我們還原現場，當孩子被誤會、被欺負的時候，如果不能出手相助，至少可以幫忙去報告老師或事後幫孩子發聲。臨床上，一個有趣的發現是，在孩子忘記抄聯絡簿或忘記要帶什麼東西時，可以透過小天使來提供資訊，幫孩子交這樣的朋友眞是好處多多。

我知道，事情不太可能像我們想得這麼輕鬆，小天使不是那麼好找，或者我孩子也可能在活動中跟小天使發生不愉快或衝突。說實話，我還挺喜歡，也很慶幸孩子在我面前發生衝突，讓我可以有各自帶開、同時聽到雙方意見的機會。如果發生了，請你照我們學過的SOP，穩定情緒、各自引導兩個孩子陳述，記得如果大人有建議，請在了解完最後再提出來。

心理師想跟你說

打造良好社交

為什什麼孩子沒朋友

個人特質
與眾不合。

干擾行為多、
社交技巧差。

他人惡意對待。

家長可以怎麼做

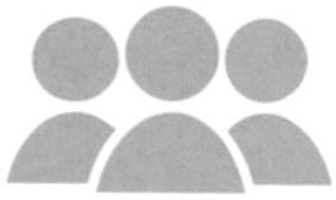

還原故事，
非關指責。

同理孩子，也
教孩子同理。

言語、行動反覆
練習。

教導孩子了解自己、同理對方，才能交到好友。

| 第八章 |

孩子成績不好不奇怪

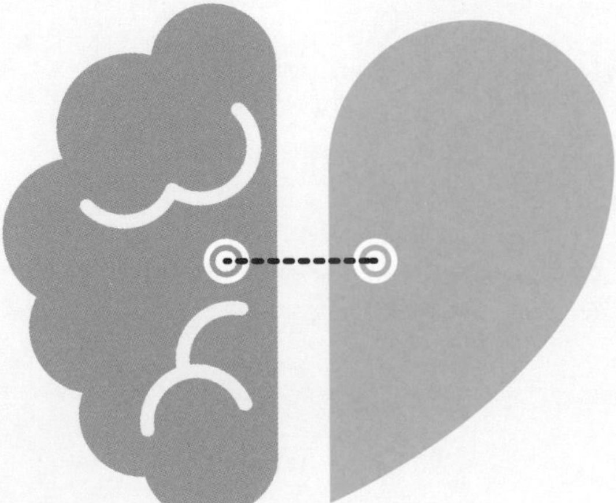

「只是」不認真？

高中二年級的小琦，來談的原因是自己成績不好，感到很沮喪。

「老師，我眞的覺得很對不起爸媽。」

「喔！怎麼說？」

「爸媽花了這麼多錢讓我上補習班，說他們不管我，最後只要看成績，就知道我有沒有認眞了，但是我就算每天都讀到兩三點，成績都還是沒有進步，我覺得很對不起他們。」

「那你覺得……可以從什麼地方下手改進呢？」

「我想……繼續唸到四點吧！」

我把學業成績這個主題放到最後，因爲這是一個大家嘴巴上說不在意，心裡卻很在意、整個社會也很在意，但是成因卻非常複雜的一件事。

不知道爲什麼，大家雖然認同學歷不等於能力也不等於未來發展，看似很現代很適才適性，但我在臨床上，在兼任的高中、大學內，一部分人甚至大多數人，對於學業成績的看法還是非常傳統，說是那一套，內心眞正認同的、行爲上眞正做出來的，卻是另外一套。

在人的信念裡，有一些看似普世價值，卻與事實相反的信念。例如「一分耕耘、一分收獲」即是如此，在學業成績上亦是如此。

在各種領域裡，「天分」這個東西是存在的，有人天生唱歌好聽、有人天生跑得快、有人天生會畫圖，也的確有人天生就很會念書。雖然更狹義的定義是「會考試」，反正長久以來，大家也把考試跟學習綁在一起了。

學了心理學之後，我對於智力、學習、測驗的方式有了更多的了解，這些都是心理學家長久以來就在探討的主題，只是仍然不敵社會的主流，而被束之高閣。身爲一個心理學家，其實我也懷抱著一個理想，能夠幫助每一位家長與孩子，更了解學習的意義，能體會學習的樂趣，成績與能力，只是隨之而來的副產物而已。

首先，成績是在反應孩子學習成果的一個指標。既然當作一個指標，它的有效程度就非常重要，也就是在心理測驗理論裡提到的效度（Validity），代表著一個考試能不能眞正測到要測的能力。

例如，如果要測量數學能力，那麼用英文來出考題，可能就不是那麼適當，如果學生英文不好，數學再好也沒用，除非這個科目的要求就是同時要會英文（或者與數學相關的基礎英文）跟數學。在你我的經驗中，可能覺得「難的題目就是好題目」，但眞正的好題目是只要你有認眞學、肯思考就能答得出來，因爲考試的目的是在檢驗，不是爲了把你考倒。

我記得在我高中的時候，常去找一些資優數學的參考書，鑽研特別難的題目，反而忽略了基礎的數學概念是如何推導而來。我原本以爲這是很古老的學習方式，但我很訝異的發現，目前的學生竟然還存在著這樣的現象與需求。

所以，既然成績是學習成果的代表，不如以心理學家的角度，來談談學習這一件事。

對孩子來說，只要是面對新的事物，就是學習的開始了，例如學會拿餐具吃飯、學會轉動門把等，到後來用感官去體驗世界，學會分辨白天黑夜、學會一些自然規律與邏輯，都是一種學習，在我們的腦中，本來就會自動將經驗整理與分類。

而書本上這些知識，則是經由高度整理與分類而來，而且可能濃縮了過去幾

十、幾百、幾千年的知識濃度，而且主要是用文字來當作學習的媒介，所以時代越進步，我們要學的東西越多，學習的方式越複雜。

所以在心理學家的觀念裡，把學習視作一個處理訊息的歷程，依照處理程度的不同，決定學習的深淺。所以學習是有分層次的，如果你一直停留在比較淺薄的層次裡，再多的學習也只是浪費時間。

舉個例子吧，我手邊有部智慧型手機，如果要我現在開始研究「如何做出一部智慧型手機」，就算研究個十年，應該也是做不出來的，我需要人幫忙，不只給參考書目，可能還需要知識的解答、技術的指導。

你就知道，有時我們要求孩子「認眞」，反而是把他往閉門造車的死胡同裡推呀！

☑ 良好學習的必備元素

既然如此，那要如何才能真正的把東西學好呢？需要以下幾個能力：

一、注意力

既然是訊息處理，注意力就是學習的根本了。如果孩子根本抓不到訊息，後續也不用談什麼處理了，所以，在孩子學習的時候，請務必確認他吃好睡飽精神好，也沒有注意力的困擾。

二、訊息處理的深淺

接受到訊息之後，記憶是處理訊息的第一步，也就是把訊息統統背起來，記憶可以有各種形式，可以記得東西擺放的位子、念出一段數字、回憶出家裡到學校的路線，或者手按吉他和弦的指型。

記憶這個層次雖然淺，但是很有用，如果我們連訊息都記不住，也不用處理了。不過雖然有用，我們也不用過度強調一定要記得多少東西，或者一定要在記憶術上面下多少功夫，有些訊息只要常使用就會記起來了，而且我們也眞的不需要記得所有的東西，因爲我們發明了各種可以幫助我們記憶的東西，所以可以讓更多大腦空間空下來做進一步的處理。

第二步是，將訊息排列、組合、壓縮，在眞正要應用知識的場合，很少有人是完整的把學到的知識一字不差給背出來的，都需要經過自己的排列組合，然後再壓縮。

聽起來很抽象吧，我舉了例子你就會明白了：

請你簡短說明一下「西遊記」這個故事在說什麼。

你看，在我們看或聽西遊記的時候，雖然各片段不同，但故事排序與內容大致是相同的，例如總要集合孫悟空、豬八戒、沙悟淨三人，才能繼續西天取經的路程吧？但我們每個人在回憶西遊記的時候，所產出的內容還是有差異的呀！

所以，進一步的學習即是，把依序接收的訊息，重新排列組合一次，只要排得夠合理、夠有效率，就是好的學習，而在排列組合當中，說不定又產生新的排列方式或加入新的元素，這就是新知識的誕生。

不過，如果以大腦的演化習慣來說，是喜歡開啟自動導航模式的，也就是說對於已經學會的新事物，之後只要遇到類似的，一律比照辦理，這是我們天生已經內建好的學習模式，這種生存本能強大到我們會自動去避免危險，例如尖的東西、高的地方或蛇、蜘蛛等動物。

但在學習上，我們就要手動關閉自動導航了，時時問自己或孩子，學到了什麼、多將學習經驗整理幾次、多問幾次「爲什麼」，給大腦重組訊息的機會。

別以爲這些事只能發生在學科裡，在生活上，我們也可以透過詢問孩子各種生活可見的事物、規則或探索新的道路、新的可能性，時時讓大腦保持在學習狀態。

大腦的學習是一種習慣，不太會分學科的，學科是我們硬要劃分出來的。例如，我最近與大學同學聚餐，正好有同學後來去當了記者，他訪問了我一個時事題：「請問你知道考試院跟監察院的業務是什麼嗎？」這可讓我的大腦又開始運轉了。

所以，與其要求成績，不如培養孩子一顆願意嘗試新事物的大腦。

三、智力

編著目前測量最常用的「魏氏智力量表」的創始人，學者魏斯勒（David Wechsler）認爲，智力是有目的的行動、合理思考和有效適應環境的綜合能力，這也是爲什麼在大家的經驗中，有些在校成績不好的人，最後卻很有成就一樣，因爲離開學校之後，在社會的生存與適應可是需要許多能力的。

既然談到魏斯勒，也要談一下在現行的魏氏智力量表裡，把智力分成了幾個元素：

語文理解

知覺推理
工作記憶
處理速度

語文理解是測量孩子是否能有良好的語言表達能力以及聽得懂別人要表達的意思，還有對於語文概念進行分類。在智力量表裡，語文理解這一樣比較需要透過學校的學習而來，例如對一些詞彙、知識的學習等。

知覺推理則是圖像式的、更爲抽象、無法明確說出來的非語文概念。例如觀察圖形的規律、邏輯的推理等，既然是非語文，所以比較難描述，舉個例子，如果要你想像把一個長方形的盒子切開攤平，畫出攤平後的平面圖，就需要用到知覺推理能力了。

工作記憶有一部份是在考驗機械式的背誦能力，但又涉及到較高階的歷程，也就是要把記起來的訊息做進一步的處理，就像是電腦的暫存記憶體一樣，必須占用一些大腦資源先暫存，進行運算。例如，我請你記下三件待辦事項，再請你判斷進行的先後順序，就需要這項能力。

處理速度是看孩子的動作快不快，包含抄寫、視動協調等能力，具體來說，像是把黑板上的內容抄下來的能力，或者把算出來的答案謄寫到考試卷上正確位置的能力。有些孩子學得好，但速度慢，這可是很吃虧的。

在醫院或學校裡，通常只有在需要做資賦優異或智能不足的鑑定時，才會用到智力測驗，但是我在實用上，也常使用智力測驗來給予孩子學習的建議。

做完測驗後，的確會有一個智力分數，也就是智商（Intelligence quotient，IQ），但我在意的並不是孩子的智商幾分，而是在這四個項目中，孩子學習的優勢與劣勢在哪，是否可以透過優勢來提升劣勢？例如抽象思考能力優於語言理解能力的孩子來說，可以多用圖示的輔助來協助孩子理解語文材料，我曾與一個孩子練習，把一篇課文裡提到的內容畫出來，後來孩子看著圖，竟然可以背出一篇長篇的課文。

此外，如果劣勢是可以透過一些方法協助的，例如動作慢的孩子，給他足夠的時間；記憶能力不好的孩子，多提醒或將一大段記憶材料拆成小段，他就可以學得好。

再來，也可以依照智力分數初步擬定孩子學習的天花板，不說高估與低估，先看看孩子目前的學業表現是否符合目前智力該有的水準，也有助於我們給孩子制定合理的目標。

你知道嗎？做這麼多，只爲了一個概念的濃縮，那就是「因材施教」。

這四個字，做起來可眞難！

三、臨床症狀的限制

唉，又來了，的確有些孩子的大腦功能不足以有效的學習新事物。不過，我必須提醒各位家長，智商分數不是唯一的診斷標準，醫師與心理師不會這麼輕易的給孩子下診斷，還是請移駕門診詳細討論爲宜。

「好」是誰的標準？

「我自己生的孩子，我最了解，他眞的沒有達到應有的水準。」

眞的嗎？

其實這個答案，我也不知道。即使我學會了用很科學、很嚴謹的方式來評估孩子的各項能力，但仍然有高估或低估的時候。不過我喜歡做兒童臨床工作的原因就是孩子的大腦可塑性很高，改變的機會很大，看著孩子慢慢進步，我也會很有成就感。

而在進步之前，與孩子取得進步的共識是很重要的。在科學的訓練之下，我很喜歡可以觀察到的、可以測量的目標，但我不建議家長用「分數」來當作指標，因爲會影響分數的因素太多了，且別說上面那幾項，光是孩子感冒拉肚子、身體不舒服、隔壁的太吵、題目出得太難、考得太細等，都可能造成分數低估，往好處想，那種鑑別度很低，全班四分之三都能全對的試卷，好像考了一百分也不用多値得高興，只能說孩子這邊眞的學會了。

比起分數，更重要的是努力。

人生總會有那麼一天，再也不用遇到考試，但孩子一輩子都需要努力。

那麼，努力該如何量化呢？

可以從完成功課的速度、數量、品質來定義，例如多少分量的功課（幾行國字、幾題數學）需要花多少時間來完成，以及字體的美觀、答題的正確率等等，都是可以有數字的。

有點像在分析球員的投籃命中率、失誤率等等。

在量化當中，我們也可以去看看孩子在學習、寫作業、解題的過程當中，是如何思考與整理知識，以及如何產出的。你可以從孩子的作文、造句當中，發現孩子如何闡述自己學到的知識、所經歷的經驗，所以眞正的作文能力不是背名言佳句，而是能不能好好的把要講的話講清楚，以及聽得懂別人說的話。

數學就更是如此了，我們可以從應用題去分析孩子能不能讀懂題意，能不能知道這個題目背後對應的概念（有時一個題目需要動用兩三個概念），以及如何整理這些概念，有點像在寫程式，一行一行的寫下來，只要有一個地方出錯，程式就跑不下去。在這樣檢討的過程中，我很驚喜的發現，有些孩子其實不是什麼都不會，只是在第三步、第四步的時候想岔了，這對我、對孩子都是很大的鼓舞。

所以，我很喜歡看到孩子寫錯的原稿，而不是抄滿了正確答案，但孩子也不知道在寫什麼的粉飾太平訂正稿。

☑是什麼可以決定孩子的未來？

在問題的最後，還是想談一談這個挑戰價値觀的事，學歷跟成績到底重不重要？

對了，在此先離題提醒你一下，就算你當眞覺得成績不重要，請你不要親口告訴孩子「成績不重要，你有努力就好」這幾個字，因爲以孩子的認知能力，無法理解這段話背後的深意，而且會自動忽略後半句，只跟你爭論「是你自己說成績不重要的」來當作偷懶的藉口，只要你把焦點放在孩子的努力上就好。

如果孩子可以確實的、盡可能的理解每一個概念，用自己的方式整理與產出，我們是眞的可以不那麼在乎成績呀！

只是，我每次講到這個主題，自己也有些心虛，因爲我們活在一個太愛比較、太自動進行比較的社會，你說大學沒有好壞之分嗎？好像有，但眞正分好壞的原因是什麼呢？除了錄取分數，似乎又說不太出來。你說每個大學都有自己的特色，聽起來好像很棒，但眞正因爲喜歡某校學風而就讀的學子，似乎沒有這麼多。

我認識的一位教授分享過自己例子，他在考大學時，分數可以上牙醫或醫學系，最後塡了心理系，就有同學在榜單前爲他嘆息：「可惜了呀！考這麼高！」他當時就很困惑，我努力考上了我想念的科系，有什麼好可惜的？

所以談到成績、談到奇怪的孩子，我想我們都要時時詢問自己，孩子的未來誰來決定，短期內當然是父母說了算，但我們能決定到何時？或者下的眞的是好的決定嗎？

我不知道，希望你在看完本書之後，也能夠將書中內容整理、分類、壓縮，最後跟自己的孩子分享。

心理師想跟你說

展現真實的實力

為什麼成績不好？

孩子內部能力各有強弱。

注意力不佳、有看沒有到。

學習層次過於表淺。

家長可以怎麼做

思考分數代表什麼。

由學習表現回推孩子的困難。

成長需要時間給予幫助、靜心等待。

學習的真諦是：理解自己、找到困難、迎向目標。

後記

兒童心智科教我的事

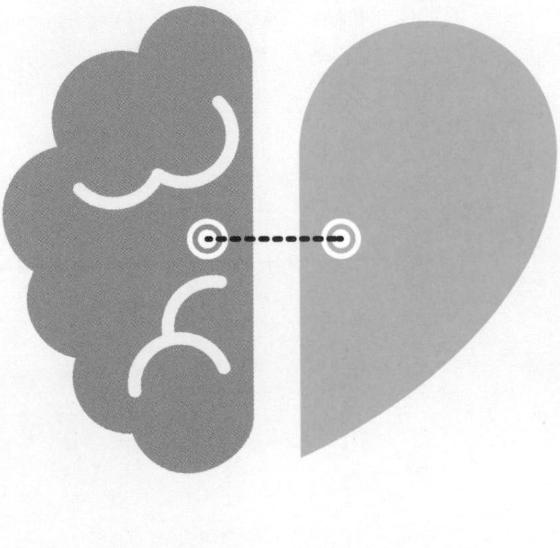

在撰寫這本書的時候，正好臉書跳出動態回顧，距離我正式以心理師的身分踏進兒童心智科，已經過了十年。

在這十年內，我也到了其他的科別實習或執業，分別經歷了兒童、青少年、成人、高齡長輩、癌症患者的心理評估與心理治療，近年來也在大專與高中兼任做學生輔導，在一個人的生命歷程裡，大約只剩新生兒的經驗較少接觸，這部分卻也在去年開始，有了個案研究的機會，因為我有了一個孩子。

身為一個治療者、身為一個老師、身為一個父親，很幸運的，我有機會用各種角度來思考孩子所遇到的困難，同時也不斷的在挑戰我的大腦彈性，是否能接受孩子與家長的不同樣貌。

我發現接受孩子容易，接受家長難。有時我難免抱怨，明明我自問很盡心盡力，也很專業的在幫助孩子，為何家長要來扯後腿，依舊維持著原本的教養方式，雖然每次治療，講到孩子的問題好像都很急迫很困擾，卻似乎不見家長有什麼動靜。

直到我開始能爲家長著想，把同理心放在家長身上，我才覺得，我成爲了一個更好的助人者。

或許我面對家長的感覺，就很像家長面對孩子的感覺吧！打、罵、說教都用了，孩子也信誓旦旦的說要改了，然後就……不想講了。

在兒童心智科裡，先不談診斷或疾病與否，只要涉及到想法或行爲改變，必是經過一番準備、準備、再準備的掙扎期，我也會陷入等待、等待、再等待的彼此懷疑期，懷疑自己夠不夠專業、懷疑孩子能不能改變、懷疑家長夠不夠配合、懷疑家長夠不夠相信我。

最近，一個重複自傷的孩子，在治療回饋中告訴說：「老師，謝謝你，沒有放棄我。」

雪中送炭是眞的難，尤其是在送了好幾次炭，對方卻仍然點不著或跟你說，你送的這個炭根本就沒用（明明是他自己不會點，而且他凍得全身發抖），最後眞的搞不清楚自己還要不要繼續送。

在十年後，我更有信心的說，我會繼續送。只要家長跟孩子還願意來找我，我就會在現場穩定的等下去，雖然一週可能就這麼一次治療時間，或許是這孩子爲數不多，可以安心的表達自己與安心被了解的時間。

我開始發現，其實家長也需要這個時間，現在的家長，在當小孩的時候，也沒有好好的被了解，我做治療、演講、寫書，就是希望我們的小孩以後可以當一個眞正成熟理性的大人、一個溫暖關懷的父母。

消極的來說，是不希望這個遺憾延續，積極的說，是希望父母與孩子可以更快樂！

我知道每一對親子，都帶著各自的問題過來，這些問題都是長久以來的互動不良所引起，至少包含親子互動、同儕互動、師生互動、親師互動，而一直往外探索下去，是我們與整個社會甚至地球村互動，這次的新型冠狀病毒（COVID-19）疫情，更說明了全球化的趨勢之下，我們毫無招架之力，好一點的隨機應變，差一點的隨波逐流。

所以當我想到我眼前的這對親子，正在跟這麼多固有的因素抵抗，卻還是願意過來尋求協助時，雖然辛苦，我也願意花心力相伴。如同正在翻閱這本書的你，願意花金錢與時間尋找教養知識，只要想到可能會有一位困擾的家長正在看這本書，即使平時的臨床工作再忙再累，我也要繼續寫下去。

許多人對兒童心智科醫師或心理師的期待，就好像一個體弱多病的人，遇到一個武功高強的絕世高手，可以在瞬間被打通任督二脈，從此脫胎換骨、抬頭挺胸，一顆藥、一次個別治療、一次團體治療，孩子的進步就會神速。

你知道嗎？心理師看似冷靜溫暖的背後，是經過多少磨練，被多少孩子打過、踢過、咬過，才能處變不驚。所以當你在教養路上走得狼狽，請你相信每個人都是這樣走過來的，無一例外。有一些搞笑網紅會拍攝一些行業在心中的碎嘴或私下失控的影片，相信我，這一套拿到心智科，一樣可以拍出海量的影片。

我在實習的時候，有一次較嚴厲責備了治療團體中的兒童，後來被老師叫過去訓了一頓（當時我心中在嘀咕，老師您平時不是也這樣罵嗎？）老師告訴我，介文，你不能罵他，因爲你沒有先愛他。

後來我一直沒有機會能當面對老師說，現在我學會了去愛孩子，也學會了在愛的基礎下，不用責備的方式也能改變孩子。

我很致力於在改變家長的行爲與親職教養能力，也是因爲相信我是外人，都可以這麼愛孩子了，家長對孩子的愛一定更深，只是家長身處其中，看不到這些盲點，不知如何幫助孩子，甚至家長自己也需要被幫助。

看過一般人，也看過臨床上定義的病人，我的感受是大家都是人，佛家講的八苦：生、老、病、死、愛別離、怨憎會、求不得，在俗世的我們一個也沒有少受，我們的社會與科技是進步了，但人與人的距離更遠了，親子關係的考驗也多了。

而心理學的存在，正好可以幫助我們好好的處理這一些苦，漸漸的離苦得樂，可以用眞實的自己或至少是彈性的自己，自在的活在這個世界上。

親愛的家長，不管我們有沒有見過面，不管你與孩子的狀況如何，我都想跟你們說，沒有人是病人，疾病只是我們身上的一個現象，就跟感冒、發炎或癌症一樣，即使身上有一個被稱爲病的東西，但請你記得，我們都是一個完整的人，值得更快樂、更有意義的生活。

期待與你一起往這個方向前進。

噢，記得帶上你的孩子。

心理師想跟你說

謝謝每一位家長與孩子，

與我們一起度過的每一段共同成長的時光，

我的能力有限。

但是我相信，

只要雙方可以互相關心，

每個孩子都可以發出他獨特的光芒。

教養生活 062

你的孩子不奇怪

作　　者—李介文
主　　編—林菁菁
企劃主任—葉蘭芳
封面設計—十六設計
內頁設計—李宜芝

董 事 長—趙政岷
出 版 者—時報文化出版企業股份有限公司
108019 台北市和平西路三段 240 號 3 樓
發行專線—(02)2306-6842
讀者服務專線—0800-231-705・(02)2304-7103
讀者服務傳真—(02)2304-6858
郵撥—19344724 時報文化出版公司
信箱—10899 臺北華江橋郵局第 99 信箱
時報悅讀網—http://www.readingtimes.com.tw
法律顧問—理律法律事務所 陳長文律師、李念祖律師
印　　刷—勁達印刷有限公司
初版一刷—二〇二〇年七月三十一日
定　　價—新臺幣三二〇元
（缺頁或破損的書，請寄回更換）

時報文化出版公司成立於一九七五年，並於一九九九年股票上櫃公開發行，於二〇〇八年脫離中時集團非屬旺中，以「尊重智慧與創意的文化事業」爲信念。

你的孩子不奇怪 / 李介文著 . -- 初版 . -- 臺北市 : 時報文化 , 2020.07
面；　公分

ISBN 978-957-13-8282-1(平裝)

1. 親職教育 2. 育兒

428.8　　109009290

ISBN 978-957-13-8282-1
Printed in Taiwan